中国轻工业"十四五"规划立项教材

园林手绘设计

张惠贻　李松灿　主　编

袁韵珏　副主编

尹金华　谭聪丽　参　编

陈飞虎　主　审

U0219955

中国轻工业出版社

图书在版编目（CIP）数据

园林手绘设计/张惠贻，李松灿主编． —北京：
中国轻工业出版社，2022.8
ISBN 978-7-5184-3964-5

Ⅰ．①园… Ⅱ．①张…②李… Ⅲ．①园林设计—绘
画技法 Ⅳ．①TU986.2

中国版本图书馆CIP数据核字（2022）第064950号

责任编辑：陈 萍 责任终审：劳国强 整体设计：锋尚设计
策划编辑：陈 萍 责任校对：朱燕春 责任监印：张 可

出版发行：中国轻工业出版社（北京东长安街6号，邮编：100740）
印 刷：艺堂印刷（天津）有限公司
经 销：各地新华书店
版 次：2022年8月第1版第1次印刷
开 本：787×1092 1/16 印张：13.25
字 数：280千字
书 号：ISBN 978-7-5184-3964-5 定价：78.00元
邮购电话：010-65241695
发行电话：010-85119835 传真：85113293
网 址：http://www.chlip.com.cn
Email：club@chlip.com.cn
如发现图书残缺请与我社邮购联系调换
201239J2X101ZBW

序

对于设计专业的学生，手绘能力是必备的基本功。学习手绘，有各种途径。最常见的路子就是先掌握素描与色彩的基本功，再进一步学习专业设计的手绘；也有先从临摹手绘作品开始，逐步过渡到手绘创作。由张惠贻、李松灿主编的《园林手绘设计》教材不同于以往的方法，编者独辟蹊径，开创了一条新的手绘设计之路。它有以下几个特点：

第一，手绘与实践案例紧密结合。我们大家明白一个道理，学习手绘就是为了表达设计、分析设计、交流设计。基于这样的认知，手绘的过程就是设计的过程，手绘的推进也是设计的推进，手绘的深入就是设计的深入。随着设计元素层次的不断叠加，手绘的技法也就在其中循序渐进了。真正理解手绘与设计本质关联的人，才能懂得手绘是为设计服务的。那些纯粹的唯美主义与形式主义的手绘，仅是一件美丽的外衣，里面裹着的是一个没有任何实际意义的空壳。

第二，手绘与文化因素紧密结合。有人曾这样说过，真正的设计是在设计一种新的文化。一个缺乏文化修养的设计师不可能设计出具有文化品格的设计作品。《园林手绘设计》教材将手绘技巧的训练与设计文化结合起来。如让初学者把理解手绘的意义、作用与目标作为切入点，培养学生如何理解手绘在物质与精神文化层面的价值。在教学过程中，培养学生如何理解业主的意图，如何处理人与环境的关联，如何实现景观功能的作用，甚至让学生学会如何进行方案文本的编制……书中表述的这一切，并不限于技法的运用，而是培养学生如何学会一种责任的担当，一种审美理想的植入，一种工匠精神的坚守，一种职业良知的培养，一种地域文化境界的营造！

第三，手绘与生活理解紧密结合。看《园林手绘设计》教材的封面，有一句充满温度的句子："让生活住进院子里"！使读者即刻从手绘技法思维状态跳转到充满生活气息的精神家园。可见教材的编者有志于将学生培养成为关注生活、热爱生活、表达生活、设计生活的设计师。我认为这才是真正意义上的手绘教学改革。教材运用了大量案例进行分析，并让学生在理解生活的基础上建立起问题意识。比如在分析清远某度假小区的花园案例时，主张从"业主的需求"出发，换句话说，就是从"生活的需求"去理解手绘设计，包括如何处理功能区与建筑的关系、功能区与微气候的关系等。在理解生活的基础上，提出设计师要为业主设置什么功能？功能区之间应该是怎样的尺度比例？各种不同年龄层次的使用者在此功能区将产生什么样的行为？在各种设计元素使用中，提醒学生了解这些元素在生活中能产生什么作用？用此元素与彼元素有什么不一样？有没有更好的设计方法或替代方式？

事实上，这种种考量与反思，都是从生活的意义出发的。我们在多年的手绘教学中发现了许多教训，并明确了一个简单的道理，那就是所有脱离生活的设计，均是不具备操作性的纸上谈兵。换言之，不理解实际生活的手绘设计，只不过是无法落实的空头支票。

这本由张惠贻、李松灿两位富有教学经验与设计实践经验的主编共同完成的《园林手绘设计》就要出版问世了，我为他们这一学术成果感到欣喜。教材的出版，又是我国校企合作的一项成功案例。这本教材不仅具有学术价值，更具有教学与设计的现实意义，因为它给我国高等院校尤其是职业技术院校的设计类专业在手绘设计教育方面带来了改革性的意义。

是为序。

陈飞虎

2022年1月22日

于长沙后湖国际艺术区

前　言

　　《园林手绘设计》一书基于"园林设计基础"课程开发。笔者教授"园林手绘""园林设计基础""园林规划设计"，当把三门课程串联起来时，发现只有从手绘设计切入改革，才能帮助学生更好地入门，才能埋下一颗有能量的种子，帮助他们成为一名合格的园林设计师，在未来突破设计助理的瓶颈，跃升为独立设计师，甚至是主创设计师。

　　近年来，我们经常将园林手绘与园林设计分离开来，要么侧重于园林元素的表达，教会学生不同植物、不同山石的画法，把精力花在事物的细部刻画中，更有甚者将园林手绘提高到艺术绘画的层面，当学生经历了漫长的训练后，他们能画出一张张漂亮的艺术作品，可依然不会表达设计；要么侧重于园林设计，教学生各种园林要素的设计原则、设计方法、设计规范等，当学生听得津津有味、跃跃欲试时，却无法将脑中的场景表达出来。要将手绘与设计结合起来，学生往往要在工作中经历漫长的磨合时间。

　　当然，也许有人会说，我们所构思的场景可以通过软件建模呈现，可问题就在这里，软件建模需要输入相关的命令、参数，才能表达具体的形象。换句话说，当设计想法已经比较清晰了，才可以通过建模软件对设计进行深入推敲。对于设计前期阶段，尤其是不确定的构思阶段，软件是无法满足我们手脑高度结合的需求。学生也曾尝试直接用软件技术进行构思，可是画出来的曲线是没有张力的，画出来的形态是呆笨的，究其原因，在于缺乏手绘母本，缺乏手绘训练过程中对美的体验。

　　于是，笔者不得不思考在科技高度发达的今天，手绘在设计行业中的本质作用。经过对多家园林上市企业的考察，以及与一线设计总监的访谈，得到一个结论，即手绘与设计必须高度融合并用于设计思考、抓获瞬间设计想法，以及用于设计沟通，快速协调各方想法。

花园平面图

设计后续推敲、表达、演示则可以交给科技。我们何不将手绘与设计基础有机地结合在一起？告诉学生，手绘只是一种设计的工具，它是一种能快速抓住我们脑中模糊景象的工具，无须表达得非常完美，只要你勇敢地画出那富有想法的几根线，加上语言的补充说明便可。笔者常常拿柯布西耶的手稿给学生看，大师的表达水平并非遥不可及的，背后的想法需要我们厚积薄发。于是，慢慢地增强了学生的自信心，他们大胆地画了起来。

　　无须再让学生消耗过度的精力去练习一棵榕树和一棵棕榈的区别，使用概念式的表达，让手绘回归到设计思考的本质。本书基于这样的定位，将一个小花园的项目实践拆分成多个任务，将每个任务需要使用到的仅有的那一点手绘技巧授予学生，让他们的手绘技巧能完成那一个任务即可，大大压缩不必要的技能储备时间，将更多的精力用于思考、探索。

　　对于设计技能的传授，必须正视学生是一张白纸，对于一个经验丰富的设计师，每一笔都综合考虑多种因素，但是学生能力达不到，因此，笔者选择别墅花园作为实践项目，并按设计流程对其进行分层，模拟图层叠加的方式，从功能布置、空间形式、地形、园林建筑、园林构筑物、水景、铺地、植物层层添加。每添加一种元素，就对其进行深入探讨，了解这种元素是什么？有什么用？怎么设计？学生按步骤引导进行设计，在每个步骤中有相关的设计方法提示，跟着提示思考，我这么做的用意是什么？会达到什么效果？有没有更好的方式？不同方式之间的优缺点是什么？每一个设计任务都非常清晰，并且方法简单。经过教学实践检验，大多数学生都能做出一个相对成熟的方案。学生获得成就感的同时，也为后续的园林规划设计打下坚实的基础。

在育人方面，我们并非培养画图的机器，而是要培养一个有设计责任感、有文化素养、能与客户产生共情的设计师。多年跟踪毕业生从业情况以及与企业的深度交流，过去我们太多的学生沦为甲方的绘图工具人，客户要什么我画什么，方案的生成效率很高，但往往受到客户的质疑，最后与客户交恶。究其我方原因，一是学生没有想法，文化底蕴薄弱，无法在客户的基本需求上进行深挖提升；二是学生缺乏工匠精神，草草画完图下班，方案自欺欺人。为解决这个问题，本书用浅显的方式融入文化因素，以资料阅读或是课后探讨的方式让学生初步体会到人们的居住不仅要满足生理需求，还要满足精神需求，从而引导学生学习更多的居住文化，建立文化自信。在设计过程中教师引导换位思考，与客户产生共情，让每一份设计方案都充满温度。同时，以手绘能实现快速修改的特点，在教学过程中引导学生多探讨，对不同的方案进行优劣比较，潜移默化地培养学生的工匠精神。

最后，感谢行业专家李松灿设计师付出巨大的努力共同编写本教材，感谢东莞市旗山投资发展有限公司晏曼总经理、曹腾风总监，感谢岭南生态文旅股份有限公司汪华清总工程师、刘芳宏院长、林转花设计师，感谢广东百林生态科技股份有限公司卢显友院长、廖毅华副院长，感谢合界空间设计公司叶惠民院长，感谢东莞职业技术学院马克思主义学院车美娟教授等对教材编写给予的指导及大力支持，感谢东莞职业技术学院对本活页式教材的支持与肯定。

本书可作为各高等职业院校环境艺术设计专业、园林技术专业、风景园林设计专业、成人教育园林相关专业教材，或作为园林从业人员的参考书及自学用书，期待未来各方对本教材提出宝贵的意见。

张惠贻

2022年2月

目　录

任务1　建立目标及学会入门 //////////

1.1 工具准备 ···2

1.2 知识储备 ···5

1.3 技能储备 ···9

    1.3.1 学会握笔 ···9

    1.3.2 学会画线 ··10

1.4 任务实施过程 ···13

任务2　手绘设计构思 //////////

2.1 工具准备 ··16

2.2 知识储备 ··16

2.3 技能储备 ··19

    2.3.1 功能区"泡泡" ··19

    2.3.2 箭头流线 ··22

    2.3.3 焦点 ··22

    2.3.4 垂直元素与视线 ··23

2.4 任务实施过程 ··23

思考与讨论 ··31

任务3 地形设计 //////////////////////////////

3.1 知识储备 ··33

3.1.1 地形的定义 ···33

3.1.2 地形的功能 ···33

3.1.3 地形的类型 ···34

3.2 技能储备 ··38

3.2.1 地形标高 ···38

3.2.2 场地标高 ···39

3.2.3 坡度 ··39

3.2.4 楼梯 ··40

3.3 任务实施过程 ···41

任务4 空间设计 //////////////////////////////

4.1 知识储备 ··47

4.1.1 方形主题空间 ···47

4.1.2 多边形主题空间 ···48

4.1.3 圆形主题空间 ···49

4.1.4 自然式主题空间 ···50

4.1.5 混合式主题空间 ···51

4.2 技能储备 ··51

4.2.1 设计方形主题空间 ···51

4.2.2 设计多边形主题空间 ···52

4.2.3 设计圆形主题空间 ···55

4.2.4 设计自然形式主题空间 ···57

4.2.5 设计混合式主题空间 ···60

4.3 任务实施过程 ···61

任务5　园林建筑设计

5.1 知识储备 68
5.1.1 园林建筑的含义 68
5.1.2 园林建筑的功能 68
5.1.3 园林建筑的类型 69
5.1.4 建筑与环境的关系 75
5.2 技能储备 76
5.3 任务实施过程 78
思考与讨论 86

任务6　园林构筑物设计

6.1 知识储备 89
6.1.1 台阶 89
6.1.2 坡道 91
6.1.3 墙与栅栏 92
6.1.4 座椅 96
6.2 技能储备 98
6.2.1 台阶的画法 98
6.2.2 坡道的画法 99
6.2.3 景墙的画法 99
6.2.4 坐凳的画法 99
6.3 任务实施过程 100
6.3.1 台阶设计 100
6.3.2 坡道设计 105
6.3.3 墙与栅栏设计 106
6.3.4 座椅设计 108
思考与讨论 112

任务7　水体设计

7.1 知识储备 ·· 114

7.1.1 水的特性 ·· 114

7.1.2 水的功能 ·· 115

7.2 技能储备 ·· 121

7.2.1 静水的画法 ·· 121

7.2.2 动水的画法 ·· 121

7.2.3 两点透视的水景画法 ······································ 123

7.3 任务实施过程 ·· 124

任务8　铺装设计

8.1 知识储备 ·· 133

8.1.1 铺装的含义 ·· 133

8.1.2 铺装的功能 ·· 133

8.1.3 铺装的表现要素 ·· 137

8.1.4 铺装材料分类 ·· 140

8.2 技能储备 ·· 145

8.2.1 图形的演变与表达 ·· 145

8.2.2 鸟瞰图画法 ·· 146

8.3 任务实施过程 ·· 147

任务9　种植设计

9.1 知识储备 ·· 157

9.1.1 植物种植设计释义 ·· 157

9.1.2 植物的作用 ·· 158

9.1.3 植物的种类 ·· 164

9.1.4 植物的组织方式 ·· 167

9.2 技能储备 ·· 168

9.2.1 植物的表现技法 ······································ 169

9.2.2 总平面图上色 ·· 173

9.2.3 鸟瞰图上色 ·· 174

9.3 任务实施过程 ·· 176

任务10 成果编制 ////////////////////////////////

10.1 知识储备 ·· 185

10.1.1 成果编制的意义 ····································· 185

10.1.2 成果编制前期思考要点 ······························ 185

10.1.3 成果展示形式与内容 ································· 186

10.2 技能储备 ·· 187

10.2.1 手绘快题排版 ·· 187

10.2.2 文本软件排版 ·· 190

10.3 任务实施过程 ·· 195

参考文献 ·· 198

建立目标及学会入门

任务描述

园林手绘快速入门。

这是园林设计师绘制的平面草图（图1-1），一切园林空间设计都是使用手绘这一徒手工具，并从平面功能布局开始思考，也就是从平面设计开始。设计师勾勒空间草图，慢慢地寻找所谓的"感觉"，并把这种"感觉"合理化，才能绘制出符合实际使用功能、场地条件的总平面图。

为达到这一目标，需要进行有效的线条训练，这种训练不是大家平时在纸上反复画单一线条，而是需要加入大脑的分析和组织，从构图的角度去思考组织，让画面平衡、均等等。通过这种线条构图训练，提高自己的快速创作能力，为后期的快速设计方案创作打好基础。

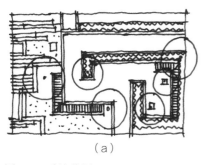

（a）

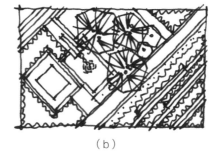

（b）

图1-1　手绘草图

📝 学习目标

①能徒手画短直线、长直线、曲线、抖线。

②能根据园林空间实景图片，运用各种线条勾勒出具有几何美感的抽象园林平面。

📋 任务书

请为以下园林空间勾勒具有几何美感的抽象平面。

运用直线、曲线组成的图形，以园林实景图片为参考，画出具有几何美感的园林平面，要求构图完整，无须考虑功能的合理性，平面图中能明显出现道路与景观元素，可以用圆形表达植物。以图1-2为参考。

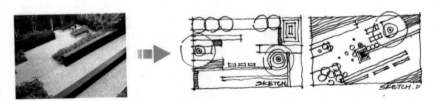

图1-2　根据园林空间勾勒出的几何抽象平面

1.1 工具准备

（1）纸张

复印纸（图1-3）渗透适中，着色力强，不能承受多次运笔，但为了避免初学者由于犹豫反复运笔，纸张的缺点反而能使初学者避免不良绘图习惯，建议初学者使用复印纸进行大量的线稿练习及着色训练。在实际设计工作中，手绘主要用于方案沟通，专业设计人员也首选复印纸。

硫酸纸（图1-4），又叫拷贝纸，根据纸张重量又分设计拷贝纸、雪梨纸，纸张表面光滑，耐水性稍差，着色力不如复印纸，常出现灰淡的效果，用马克笔着色，会出现淡雅的色彩效果。同时，由于其半透明的特性，非常适合用于徒手方案的推敲。

图1-3　复印纸

图1-4　硫酸纸

（2）笔

双头记号笔（图1-5），属于油性，一头粗一头细。细头一端可用于方案草图勾勒，粗头一端适合多次修改后对图形进行强调。记号笔有多种颜色，常用黑色、蓝色和红色。

草图笔（图1-6）又称"速写笔"，设计师用于勾勒设计方案草图，特点是运笔流畅，画图后笔迹快干，深受业界人士喜爱。日本的派通草图笔，粗细可控，容易在拷贝纸上着色。

走珠笔（图1-7）是园林手绘中最常用的工具，被园林专业的从业者广泛使用，也是练习中最常用的工具，不但价格便宜，而且在各种纸张中均能着色，是日常练习的最佳选择。

马克笔（图1-8至图1-10），具有色彩丰富、着色简便、成图迅速、易于携带等特点，尤其用于手绘图的绘制中，更显示出其他作图工具无法比拟的优势。

马克笔分水性、油性、酒精性。水性马克笔颜色有透明感，笔触边界较硬，颜色多次叠加后会变脏，容易损伤纸面。油性马克笔快干，耐水，而且耐光性好，颜色多次叠加不会损伤纸张。酒精性马克

图1-5　双头记号笔

图1-6　派通草图笔

图1-7　普通走珠笔

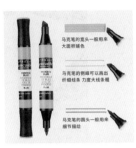

图1-8　AD马克笔　　图1-9　千彩乐马克笔　　图1-10　马克笔笔头与线

笔可在任何光滑表面书写、速干、防水、环保，在设计领域得到了广泛应用。

　　推荐使用酒精性或油性马克笔，市面上广泛销售的是THOUCH、三福、千彩乐和AD马克笔，AD马克笔效果最好，但价格昂贵。初学者需要进行大量的练习，因此建议购买物美价廉的马克笔作为练习用。酒精性马克笔常由于"挥发"问题而出现没有"墨水"的情况，在笔头处注入一些酒精便又可以使用了。

　　（3）辅助作图工具

　　平行尺（图1-11）是带有刻度滑行滚轮的尺子，能较快地辅助画出距离精确的平行线。尺子中还包含了不同尺度的圆形、量角器等，一把尺子替代了三角板、量角器等多种绘图工具，并且使用方便。

　　此处介绍的是可以任意扭曲的曲线尺（图1-12），能快速地跟随设计意图绘制任意曲线，尺子上有刻度，可以画出相应的弧长，但是不能控制弧线的半径，当不能很好地绘制出想要的弧线时，可以借用曲线尺。另外，辅助画曲线的工具为曲线板，有不同的型号，这里不做详细介绍。

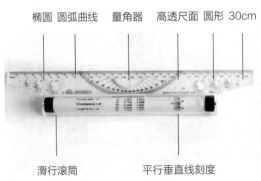

图1-11　平行尺　　　　　　　　　　图1-12　曲线尺

以上两种辅助工具更适合在快题设计考试中使用，它能使制图尺寸更为精确，但在设计推敲及设计沟通中，尽可能摆脱对辅助工具的依赖。可以使用图纸中的线段比例尺图例，控制设计元素的尺寸，习惯这样的方法，便能下笔即尺寸准确。

1.2　知识储备

（1）什么是园林手绘？

在从事方案设计的过程中，园林设计师根据场地条件、甲方要求等制约因素，在脑海中形成模糊的概念影像，设计师需要把这个模糊的影像表达在纸面上，与设计团队或甲方进行交流、探讨，最后确认，再把最终的方案通过计算机技术进行精确表达。

园林设计师使用徒手绘图的形式表达设计想法的过程称为园林手绘设计表达。手绘设计出来的成果，根据其详细程度，按照项目需要，部分直接作为图纸成果出现，如一些园林效果图，有时候会直接作为最后成品呈现在文本中；有些设计草图则需要使用计算机软件技术进行再加工，以一个更加完整的面目展示予人。

设计师对手绘表达的熟练程度及表达习惯不同，会形成不同风格的手绘图纸，如图1-13和图1-14所示。

图1-13　厚重彩铅的风格

图1-14   简笔画风格

（2）有计算机绘图技术为什么还要学习手绘设计？

手绘设计表达是高度手脑结合的空间创作技能，它能快速捕捉设计师脑中闪过的灵感概念，再慢慢边手绘边思考、边调整边深化。此阶段具有模糊性与不确定性。而计算机绘图技术虽然目前也有针对创作设计的软件，但是需要通过输入命令、参数才能显现具体的形象，表达出来的是具体的形象，捕捉不到不确定的思维，也不便于修改。因此，手绘设计的空间创作是计算机技术无法取代的。

（3）园林手绘有什么作用？

手绘设计表达是各种设计专业领域设计师必备且需熟练掌握的技能。熟练使用手绘设计表达可以解决以下三大问题：

①面对方案，有过硬的手脑结合、思维风暴创作勾勒能力，可以高效地对项目进行设计和构思，如图1-15所示。

图1-15   手脑结合设计构思

②面对设计团队，可以更高效地通过手绘设计表达来传递创作构思，组织团队人员进行各种空间的深化。

③在和甲方的交流中，能结合自身的经验与手绘表达能力，迅速勾勒出甲方思维中的需求，把空间呈现出来，让甲方能看懂，立即获得甲方的认可，提高工作效率（图1-16）。

学习笔记

图1-16　用于沟通的手绘草图

（4）要建立一个什么样的目标？

"手绘表达"是一门集艺术与设计技术于一体的课程，主要的目的是对空间理解，并进行创造性的设计，提高鉴赏、审美能力。因而，手绘表达有别于绘画艺术，它不单纯追求艺术感觉和意境表达。

快速高效的手绘表达要求从概念构思的草图到效果表现图，都应使设计的概念、内容表达清晰、明确，如空间内容、空间组合、元素尺度、结构等，而非使画面更有艺术感觉或使每一棵植物、每一块材料百分之百真实。通过快速手绘表达发现更多的概念和思考模式，这是手绘表达的真正意义，也是现今设计行业的发展要求，如图1-17至图1-20所示。

图1-17　没有将重点落在空间的塑造上

图1-18　过于注重空间意境的表达

图1-19　试图接近真实效果而忽略设计推敲

图1-20　适合手绘设计的推敲与表达

（5）如何快速入门？

①明确目标。徒手画的目的在于设计沟通与推敲，清楚表达各种景观元素、空间层次。

②手绘与设计相结合。离开设计练习手绘，手绘会变成速写作品，练习得非常熟练也无法应用到设计中，因为缺少了设计思维。不练手绘，单谈设计，一切只是空想，脑中的东西只能是脑中的画面，无法与别人交流，更谈不上推敲，软件技术永远比不上手脑结合的效率高。

要实现快速园林手绘入门，需要建立设计思维，用线条将设计思维表达出来，也就是说，每画一根线条都是有实际意义的，它可能代表地高差，可能代表铺装，可能代表区域边界。将园林设计与手绘技能结合在一起学习、应用，才能快速掌握设计思维与表达技巧，大大缩短或避免了学习手绘之后再把技能迁移到设计中的过程。

1.3 技能储备

学会握笔和画线。

1.3.1 学会握笔

徒手画握笔的时候不能太低，握在1/3～1/4处，手指轻松握笔，保证手指灵活，腕关节与肘关节灵活，能画短线，能拉长线，并且手部稳定，如图1-21所示。切忌以拳头握笔、五指紧握笔杆，这样的握笔画出来的线条缺乏弹性，如图1-22所示。

图1-21　正确握笔姿势　　图1-22　错误握笔姿势

1.3.2 学会画线

（1）徒手画直线

提示：基本功训练时，一般从直线开始，对于这类设计手绘的线条，不要认为把直线画得如尺子一般直才是好的，手绘图中的线条需要轻松舒缓，内涵弹性力度的线条才具有张力和表现力，才具有专业气质，我们称作为"设计师线条"。

画短直线时，出线果断，用力均匀，收笔平稳，画出具有速度感的较直的线。

画长直线时，不必追求必须直，自然对待，放松勾勒，使用内劲，笔尖行走过程中，自然颤抖，随时调整线的方向，直中带曲是没有关系的（图1-23）。但是放松不代表随意，切忌用多段短线连接出长线，切忌线段漂浮（图1-24）。练习时需做到态度严谨，情绪稳定，精神专注，当出现较多随意的线条时，会导致画面杂乱。

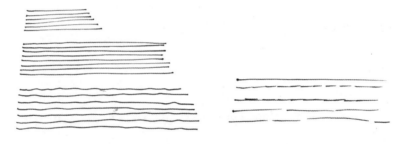

图1-23　快、中、慢直线的正确示范　　　图1-24　直线的错误示范

（2）徒手画曲线

提示：曲线使用广泛，且运用难度较高，在练习中需要运用腕力，控制运笔的速度与角度。最开始训练时可以从短曲线开始，再慢慢过渡到长曲线，线条间保持一定的平行关系，成组绘制，更能训练手的稳定性。徒手画长曲线时，不能像长直线那样进行抖动，小范围调整方向会导致曲线失去向外的张力。需果断、快速地利用手腕的力，以圆心为中心发力点，向外抛出，使曲线形成张力，如图1-25和图1-26所示。

另外，曲线弯曲的节奏也有讲究，有规律的曲线，也有模仿大自然河流的曲线，其曲度的节奏变化有较大的区别，如图1-27和图1-28所示。

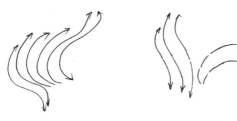

图1-25　曲线正确画法　　图1-26　曲线错误画法

图1-27　规律曲线

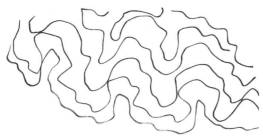

图1-28　自然曲线

（3）徒手画抖线

抖线一般用于植物立面形象的表达以及特殊纹理。小抖线有多种，小m线、凹凸线等都属于抖线，用于植物冠幅的整体表现，如图1-29和图1-30所示。大抖线，指抖动幅度或凹凸幅度比较大，一般表现近处的叶丛，具有明显的成组、成丛分布，如图1-31至图1-34所示。抖线运笔比较轻松随意，可以根据具体的材质表达线条的力度轻重。

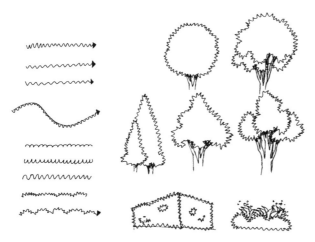

图1-29　小抖线画植物立面

图1-30   小抖线画植物平面

图1-31   大抖线画植物平面
及草本植物

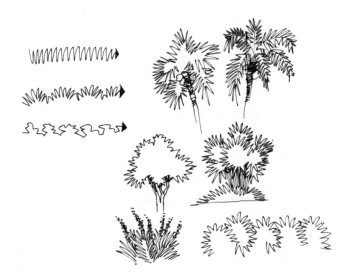

图1-32   大抖线画植物立面

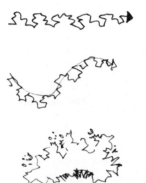

图1-33   凹凸线画灌木

图1-34   凹凸线画乔木立面

1.4 任务实施过程

步骤1：学会组合相同的线

在画面中有规律地画出一组直线，这组直线可以以平行、垂直、渐变等规律画出，并将这组直线形成有规律的图形。每组图形之间可以相交、错位、拼贴等方式组合在一起。错位选择特殊的角度，例如45°、60°、90°等，如图1-35至图1-39所示。

图1-35 平行线形成图形

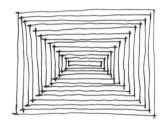

图1-36 垂直相交直线

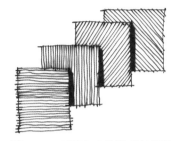

图1-37 不同角度的线进行拼贴

图1-38 不同角度的线
有规律拼贴组合

图1-39 不同弧线组合

步骤2：学会组合不同的线

加入不同形状的线，进行复合叠加，例如，加入曲线、圆形。在原有图案上找特殊的点，例如，中心点、角点，作为控制曲线与圆形的控制点。曲线可以平行，也可以逐渐扩散。圆形可以与原有图形相交、相切。不同线的组合如图1-40所示。

图1-40 不同线的组合

步骤3：创造一张平面构成图

以上图形可以成组出现在画面不同地方，但需要有聚有散，如图1-41所示。

步骤4：平面构成转变成庭院平面图

将步骤3的图案转换成种植区、功能区或者道路，道路不通可以调整图形，获得抽象性园林空间平面图，如图1-42所示。

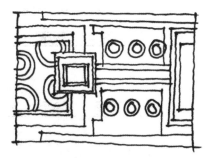
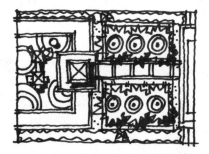

图1-41　不同图形组合的抽象平面 　　图1-42　按照抽象平面赋予图形意义
　　　　　　　　　　　　　　　　　　　　　　　变成园林平面

你不能不知道的事：

（1）如何画出漂亮的平面构图

图案与图案进行组合，找特殊的点更容易协调，特殊的点包括中点、端点、中心点等；线与线的组合可以用平行、垂直、距离渐变、其他元素间隔等方法，这样可使线形成韵律。一组图形，可以用错位、并列、拼砌、叠加、演变、复合等方式，图形会产生变化之美。

（2）传统国画里的线最美

中国传统绘画艺术中，线条是主要的造型手段，历来受到绘画者的重视。远古时代的彩陶已经展示了人们对线的运用能力。在传统国画中，只要留心观察，你便能体会到各种线条的变化、组合、对比带来的艺术美，如图1-43所示，粗大的树干上，缠绕

图1-43　元代赵孟頫《松阴晚棹图》局部

着老藤蔓，河流上飘荡的小木船，同属于"木"质，但却画出了老松树的粗糙、藤蔓的韧劲、木板人工打磨的光洁三种不同的质感。不同身份的人物，主人衣物的轻盈顺滑与仆人衣服的厚重朴实，用线的细微区别拉开了不同布料的质感。中国人就凭着一支毛笔、手腕的内力、八面出锋，用"线质"表达一个既真实又写意的世界。

如今，我们手握硬笔，虽时代不同，但依然可以学习先辈们对自然的感受力，可以传承，一支硬笔也能画出世间的丰富。

手绘设计构思

⌂ 学习情景

上一任务学习了用不同的线条及图形，按照一定的规律进行组合，形成抽象的平面构成，根据抽象平面再转换成具体的园林平面图。这种平面图只解决了一个问题，就是如何设计得美，但是不具备实际的意义。在这种美的基础上，学习如何结合业主的要求与场地条件的限制，设计出能满足使用需求的园林空间。于是进入设计的第一步，使用简单的功能图例对场地进行快速构思。

📝 学习目标

①能对业主的需求进行梳理。

②能看懂基础图纸。

③能根据业主要求与场地条件进行设计构思，徒手绘制构思草图（泡泡图）。

📄 任务书

请根据业主要求及业主提供的场地条件——别墅小庭院进行平面设计，画出设计构思图。

设计要求：

①业主为5口之家，夫妻俩年龄在30岁左右，目前没有孩子，未来计划拥有3个孩子。

②业主夫妻俩都有留学海外的经历，喜欢现代但又充满自然趣味的庭院。

③业主希望有更多的户外空间给小孩玩耍。

④女业主喜爱花艺，希望花园可以种不同的植物，为花艺创作提供花材。

⑤业主希望有户外的宴会空间，节假日举行小型聚会。

2.1 工具准备

①草图笔或记号笔，需要红、蓝、黑三色。

②A3拷贝纸若干张。

2.2 知识储备

了解各种功能图例的画法及意义。

在对场地进行构思之前，需要整理一份简单的设计任务书，基地现状分析以及基地设计条件图，这是基础性资料，没有这些资料将无法对场地进行构思，也无法绘制功能图解。在功能图解的过程中，需要使用徒手的图解符号对任务书中的所有空间和元素进行第一次定位。需要用到哪些符号呢？这些符号又代表什么意义呢？

（1）功能泡泡

功能"泡泡"（图2-1），将使用面积和活动区域用一个不规

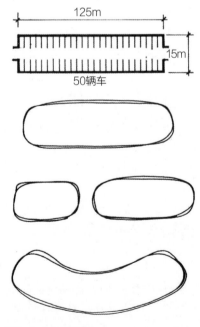

图2-1 功能泡泡

则的圆圈表示，在画之前，必须估算它的尺寸，再按相应的比例绘制在方案中。泡泡的形状可以根据场地的要求进行调整。

（2）箭头流线

用带箭头的曲线表示道路或运动轨迹。一般主要的道路、车行道用粗实线或虚线表示（图2-2），次要道路用细实线或虚线表示（图2-3）。箭头代表运动的方向。

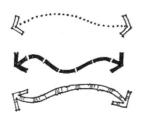 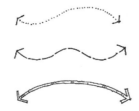

图2-2 主要道路、车　　图2-3 次要道路、人行道
行道用粗箭头表示　　　　用细箭头表示

（3）视线

带箭头的实线代表视线，箭头代表看的方向，没有箭头的一端代表观察者站立的位置。两根视线形成的夹角代表可看到的视线范围（图2-4）。一根视线代表关注的焦点（图2-5）。当视线不可达时，视线中间加折断符号（图2-6）。

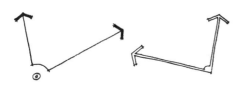 

图2-4 全景视线　　　　　　图2-5 焦点视线

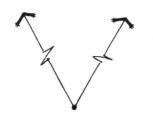 

图2-6 屏蔽视线

（4）焦点

焦点（图2-7）是一个功能空间的主要景观元素，可以是雕塑、水景、景观树、建筑等，能引起所有游览者视线关注的地方。方案构思时，不需要想焦点具体是什么元素，只需要用一个"星形"符号表示即可。

图2-7　焦点表示图形

（5）垂直元素

当设计时遇上一些不好的外部条件，需要用一些垂直的元素进行阻隔，只需要用"之"字形线表示（图2-8）。垂直元素有三种：一种为实体，诸如石墙、木篱或密植的绿篱等不可看穿的物体，这种元素可以提供完全的分隔和私密性（图2-9）；一种为半透明的（图2-10和图2-11），

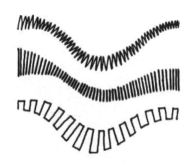

图2-8　垂直元素表示图形

如木格栅、百叶篱、透光塑料板、疏叶绿篱等，视线可以部分穿透，具有一定程度的开敞，又提供一种围合感；还有一种为透明边界（图2-12），通过完全透明的玻璃或者低矮的灌木、草本来暗示边界，竖直面几乎什么都不设。

图2-9　不透明垂直景墙

图2-10　半透明垂直景墙（1）

图2-11 半透明垂直景墙（2）图2-12 透明边界

2.3 技能储备

学会使用各种功能图例。

2.3.1 功能区"泡泡"

（1）"泡泡"的尺寸估算

在绘制之前，应该清楚各空间和空间元素的大概尺寸，按比例在图纸中画出相应的泡泡。这一步非常重要，如果不估算尺寸，直接在图中绘制泡泡，在后期方案深化中，发现空间太小，该有的设施放不下，或空间太大，超出了正常使用的范围。这一步没有做好，导致后面的设计全部作废，得不偿失。因此，对空间要做出正确的尺度估算，建议初学者不妨随身携带一把卷尺，在日常生活中收集各种空间、元素的尺寸，并且熟记于心。

请尝试画一个能容纳十人聚餐的空间，示例如图2-13所示。

（2）"泡泡"的位置

确定各空间和要素拟定的大小之后，可以考虑这些要素要放什么位置。可以从以下三方面考虑：其一，功能关系。场地中的每个空间和元素的位置都应该与相邻的空间和元素有良好的功能关系，例如，户外的茶艺区应该与烧烤区相邻吗？如果相邻，边喝茶边

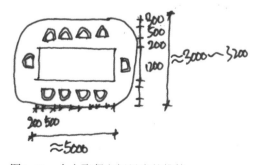

图2-13 十人聚餐空间尺度的推算

享受烧烤的美食，是不错的选择。如果不相邻，理由是茶艺区需要一个独立的环境优美的安静空间，烧烤区适合节日聚会，比较热闹，两个区域应该分隔开来。应该选择哪个方案呢？答案在业主的生活习惯上。其二，可获得空间。每个空间和元素都必须与它在基地中所选的位置大小吻合，当一个空间相对于基地中的某块特定区域而言太大时，需要删减空间内的元素。其三，现有基地条件。每个空间和元素在放置到基地中时，都应考虑基地现有状况和条件，例如，户外起居室最理想的位置应该是紧密联系室内客厅，并且有遮阴，有怡人的微气候环境。在下一任务中，还会涉及功能区是否符合现有地形条件。

（3）"泡泡"的长宽比例

新手画"泡泡"往往比较随意，除了不考虑面积大小，还经常只用圆圈表示，这不太合适，因为每个空间都应考虑其用途，用途不一样，其长宽比例也会不一样。功能区域的形状趋向1∶1的空间更显得稳定，更具有向心力，适合停留及群体活动，如图2-14所示；趋向2∶1的空间（图2-15）或比例差距更大的空间，如3∶1或4∶1，空间的流动性更强，不适合长时间停留，但可用于短时间歇息，例如林荫大道边上的长椅，适合人们短暂歇息。

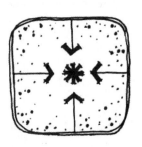 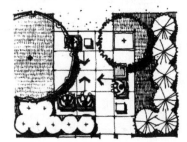

图2-14　趋向1∶1的空间

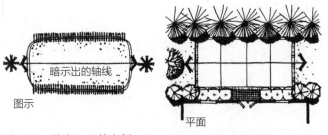

图2-15　趋向2∶1的空间

（4）"泡泡"的形状

空间的大轮廓可以是一个简单的圆角方形，也可以是一个"L"形。"L"形空间是带有拐弯的空间，内含两个子空间，观察者在不同的空间角度会有不同的视觉体验，如图2-16和图2-17所示。

除此之外，还有复杂的空间轮廓，这些轮廓跟随场地条件外凸或者内凹，使一个大空间中形成多个子空间，如图2-18所示。空间的轮廓不必太刻意去记住用哪一种形式，可以根据你设想的视线要求及子空间与大空间的关系灵活地组织，这需要对人们日常活动进行观察与体验。

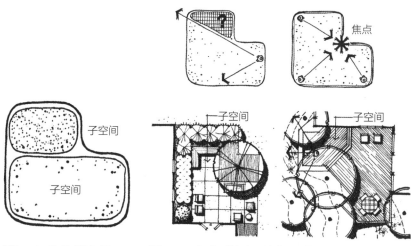

图2-16　"L"形空间　　　图2-17　"L"形空间不同视觉体验

图2-18　复杂空间根据场地条件形成子空间

2.3.2 箭头流线

考虑流线的过程中，设计师应该想流线是从空间的中间穿过？还是沿着空间的边沿走？直接从入口到出口？还是蜿蜒地穿过空间？整个花园的道路是否与建筑的出入口紧密结合？道路是否形成了环形？不妨在图中尝试不同的流线方案。私家花园面积不大时，道路系统一般形成一个环形；当涉及面积较大的私家庄园时，道路系统要根据使用的频率分主要流线与次要流线，可能还要根据分区形成不同的环线，各环线又需要连接在一起。道路系统无法做单独的联系，必须与功能分区结合在一起考虑。交通流线在空间中不同的穿越方式如图2-19所示。

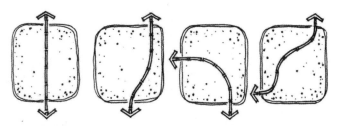

图2-19　交通流线在空间中不同的穿越方式

2.3.3 焦点

焦点如何设置？设计者要把自己放入空间中，感受空间的起承转合。一般来说，入口处设置焦点，可以起到识别空间的作用；交通交汇处设置焦点，可起到提醒与识别方向的作用；大的休闲空间中设置焦点，可使人群有汇聚的作用；狭长空间的尽头设置焦点，可让人有意外惊喜的作用。除此之外，你还发现什么地方可以设置焦点呢？同样，不能独立于功能空间以外去讨论焦点的设置，焦点设置如图2-20和图2-21所示。

图2-20　附属庭院中的焦点　图2-21　千禧公园中的焦点

请结合图2-21，讨论空间中出现的焦点有哪些？都起到了什么作用？

2.3.4 垂直元素与视线

垂直元素一般应用在空间的边界或内部空间的划分。一般来说，如果场地外部条件太差，如噪声较大、视觉景观不佳或隐私性不好，都会采用实体垂直元素进行视线遮挡与阻隔，如图2-22所示。如果场地空间太小，外部环境条件尚可，采用实体围合会造成压抑感，这时候会选择半透明的垂直元素，让视线部分进行穿透，既保证了围合感，又使空间避免压抑。内部空间进行划分，往往使用低矮的水景、花坛等元素，保证空间与空间之间视线的穿透性，还可以通过引导使视线聚焦在焦点上（图2-23），垂直元素设置在观赏者的后方，使其具有一定的安全感。

图2-22　垂直元素遮挡视线并充当焦点　　图2-23　垂直元素引导视线

2.4 任务实施过程

请在项目附录图纸中画出合理的功能布置图。

步骤1：我要为业主设置什么功能？请列出。

提示：梳理业主提出的要求，辨别业主的要求是否合理。

同样类型的项目，不同的业主需求也不一样。如果别墅是业主自住，设计师要满足业主一家人的日常生活需求，可以根据家庭成员的不同年龄层次进行分类，如三代同堂，需要考虑三代人不同的户外活动需求，同时也要考虑至少有一个可以使三代人融洽地在一起相处的空间。

如果业主需要将别墅改成民宿，设计师需要考虑目标客户的需求和业主的运营要求。业主的别墅需要整栋出租，在某一个时间段内，别墅庭院的功能实际上要满足一个或多个相熟的家庭度假的需求，功能区的设置要有趣味性，跟日常生活的别墅庭院存在差异；业主需要将别墅在同一个时间段安排给不同陌生群体，实际上就是分租，这种情况，功能设计上变得复杂，既要考虑不同群体的需求，还要考虑陌生群体之间的共处与独处。

步骤2：除了业主提出来的要求，我还可以为他做些什么？

_____

_____

_____

提示：挖掘业主的潜在需求。

知识链接：

业主在很多时候只会告诉设计师其当下对庭院的需求，也许是未来的需求本人也不清楚，也许是业主对庭院的技术要求不了解。例如：张先生希望庭院里有三处水池，水池只要200mm深即可，当下他只喜欢养小鱼，在设计师的引导下，他提出了未来可能也会养锦鲤。但是专业的锦鲤池要比200mm深很多，对水质的要求也高很多，如果设计的方案不事先考虑锦鲤池功能，后端设计师也无法设计对应的结构，将来张先生要改动庭院功能将会付出较大的代价。

诸如此类的问题很多，比较典型的有家庭成员成长中的问题，庭院设计时要满足孩子的玩耍，5年后，孩子长大了，如何让庭院根据孩子的成长快速更换设置，且在不大动干戈的情况下更新功能？

步骤3：给业主在花园中布置这些功能，估算好功能区的尺寸，选择合适的位置。

提示：请在基地设计条件图上绘制"功能泡泡图"。

知识链接：

> **功能区需要多大呢？功能区的比例应该多少才合适？**

日常功能尺度的收集：

小轿车的尺寸：_____

茶台的尺寸：_____ 4人餐桌的尺寸：_____

6人餐桌的尺寸：_____

人站立交流的空间领域：亲密的_____，熟悉的_____

陌生的_____

其他_____

> **功能布置要考虑以下因素：**

（1）建筑门窗位置

要将计划好的功能区放入庭院中，需要知道这些功能区能否从建筑内部到达户外的区域，这需要看懂建筑平面图。别墅建筑的门大致有三种：平开门、推拉门、折叠门。不管是哪种门，都是建筑与户外过渡的地方，人流量大时，需考虑做过渡的廊道或可以停留的大空间；人流量小的地方可以考虑做比门口宽的硬质铺装或者直接连接庭院道路。

窗户大致有落地窗、窗台900mm高的窗以及窗台1400mm以上高度的窗。设置功能区时，主要考虑这些窗是属于哪些空间的？这些空间属于谁使用？功能区是否能靠近这些空间？户外的活动是否对室内的人产生较大干扰？例如，儿童活动区最好不要贴近爷爷、奶奶房间的窗户，否则会对老人的休息有较大干扰。室外的功能、景物对室内是否产生了正面作用？例如客厅落地玻璃窗外非常适合建立观景区，观景区的景观可以渗透到室内，提升了它的价值。

窗户的高度影响人从室内观看室外景观的视线高度，一般窗台高1400mm以上的窗很窄，属于卫生间的窗，需要保证室内的私密性，同时，避免在卫生间外设立停留空间。

有没有可能从室内看到更多室外景观而又不会影响室内功能？别墅住宅最大的意义是使人生活在风景中。尽可能让室外景观与室内生活渗透在一起是设计师重要的事情之一。必要时，需要适当考虑扩宽建筑的门窗，或者拆掉一部分墙。哪些墙能改？哪些墙不能改？要能通过基础图纸进行识别。承重墙与柱子不能改，隔墙可以改动。墙改动后，是否会影响室内的使用？例如室内面积缩小了，家具无法摆放，墙体方向变动了，导致室内流线混乱。改动墙体的可能性不大，一般业主在考虑室内设计时，墙已经改好了。但这里还是得提醒，如果涉及墙体改动，需认真考虑是否会破坏室内空间的高效利用。

（2）微气候环境

微气候主要由两方面构成：一是项目所在地的大气候环境，二是庭院建筑、围墙、植物造成的日照变化与风向变化。

取得项目时，首先应该知道项目所在地，查阅该地区常年的气候特征。该项目所在地在_____，常年气候特征为_____，夏季_____，冬季_____，降雨量集中在_____，雨量为_____。人们的户外活动时间在_____。设置的功能区域在人们活动的时候暴晒□、温暖□、阴凉□、寒冷□。

在人们活动的时间内，建筑、围墙、植物的阴影在_____，面积_____，风向_____，设置的功能区让人感觉舒适□、不适□。只有舒适的环境才能让人喜爱在户外停留。

● 日照

随着太阳水平方向和高度角的不断变化，在天空中的相对位置也是不断变化的。在夏季，太阳从东北边升起，顺时针运动，西北方落下，中间角度约为240°，一天之中，太阳高度角最高为72°。在冬季，太阳从东南方升起，西南方落下，中间角度约为120°，一天之中，太阳高度角为27°。由于太阳的运行规律，使建筑投影在地面的投影也发生了变化。太阳高度角如图2-24所示。

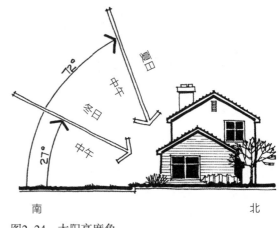

图2-24　太阳高度角

总的来说，建筑在一天、一年中，都能在各个方向形成投影，夏季最大的阴影面出现在上午的西边以及下午的东边，南北边阴影较小。若是南方的项目，停留区放在北边，夏季的时候需要有遮阳设施，还要避免西晒。若是北方的项目，停留区尽可能放在日照充足的南边。不同时间阴影变化如图2-25至图2-27所示。

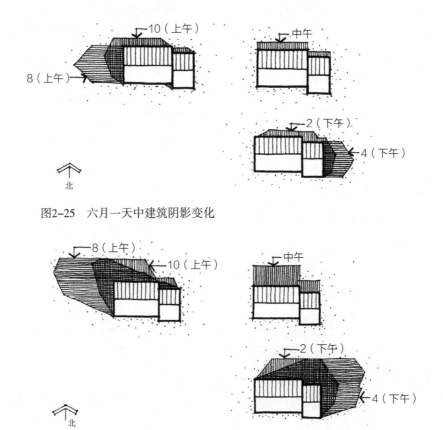

图2-25　六月一天中建筑阴影变化

图2-26　三月和九月一天中建筑阴影变化

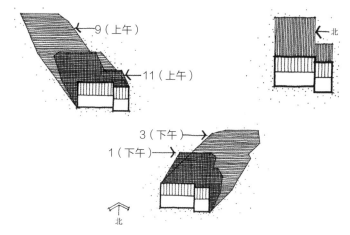

图2-27 十二月一天中建筑阴影变化

• 风向

广东地区主要的季候风来源于夏季的西南风与冬季的西北风，如图2-28所示。住宅的西南向，尽可能形成导风口，迎风纳凉。冬季主要吹西北风，通常表现为寒流，不管是南方的项目还是北方的项目，停留区尽可能避免放置在西北边，同时还要考虑设置挡风设施进行阻挡，可以考虑用通透的围栏或者叶子密度在60%左右的植物，如图2-29和图2-30所示。注意不能密不透风，适当通透可避免形成强风区，如图2-31和图2-32所示。

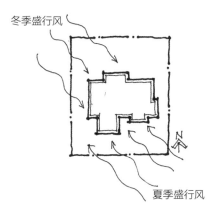

图2-28 广东地区季候风方向

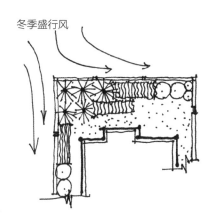

图2-29 利用植物遮挡寒冷冬季盛行风

图2-30 种植低矮灌木形成迎风口

图2-31 密不透风容易形成强风区

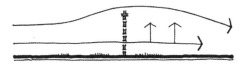

图2-32 百叶类垂直元素允许风通过

（3）人的行为

这里人的行为包括个体行为与群体行为，行为与年龄、生活习惯相关。为业主布置功能区域需要了解不同家庭成员的年龄，不同年龄对活动的需求不同，爷爷喜欢安静，需要给他独处的空间，这样的空间可能要远离主体建筑。孩子喜欢打闹，需要给他提供与小伙伴交往并且安全的空间，这样的空间是否需要贴近主体建筑并不是太重要，重要的是空间稳定并安全。这些看上去似乎是个体行为，但是放在家庭中有可能成为群体行为，有

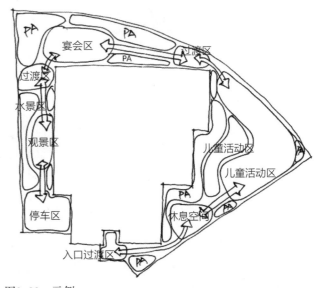

图2-33   示例

的爷爷喜欢安静，但同时又特别喜欢看着孩子们天真无邪地打闹，孩子打闹时可能又需要长辈照看，这时候两个不同性质的空间需要彼此联系。

面对人的行为，还有一种普遍情况，必须满足便捷与视线可达。在庭院中，一些尽端的空间，视线看不到，交通也不便捷，即使有庭院道路连接，也会发现有些地方一年中也没有去几次，尤其要引起注意，一些常用的功能不能放在这些位置。考虑人的行为的区域设置如图2-33所示。

步骤4：用道路流线将功能区串起来

知识链接：

庭院的功能区为人的活动而设置，因此功能区需要满足人的可达性要求，最直接的方法是用道路进行连接。在设计构思阶段，可以使用虚线加箭头将功能区连接起来，道路采用什么形式可以暂时不考虑。值得注意的是，功能区也是道路，在以往的经验中，初学者喜欢绕着功能区再设计一条路，这种做法增加了硬质铺地的面积，人们是不会按照你设计的路绕着功能区行走的，只会直接穿过功能区，这是无效的设计。

道路跟功能区结合时，需考虑引导人在功能区边缘行走，避免从功能区中间穿过，因此，道路连接口需要在功能区的边缘，如图2-34至图2-37所示。这种方法其他类型项目同样适用。庭院的道路系统是较简单的道路系统，只要保证行人通过道路到达每一个功能区即可。庭院面积比较小时，可以不形成回路，原路返回。其他大型项目的道路系统要比庭院的道路系统复杂得多，不仅要考虑行人的游玩、机动车的行驶，还要考虑消防等功能。

图2-34　道路从功能区中间穿越影响人的活动（1）

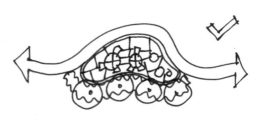

图2-35　道路从功能区一侧穿越不影响人的活动（1）

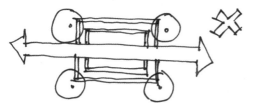

图2-36　道路从功能区中间穿越影响人的活动（2）

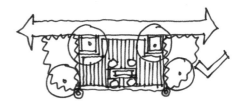

图2-37　道路从功能区一侧穿越不影响人的活动（2）

步骤5：根据视线关系设置景观节点

知识链接：

布置功能区域位置的同时，也有意无意地考虑了景观节点的问题。景观节点包括景观焦点，对于焦点，可以理解为空间中最显著的建筑、雕塑等，是属于较大的景观节点。除了较大的焦点，还要考虑小型的节点，例如在人行进的过程中，是否需要设置一些奇特的山、石、花、草作为视线的引导？当人在某个空间停留时，是否有细腻的景观节点可以延长人们停留的时间？人们喜欢在庭院中设置亭子，亭子本身是庭院的景观焦点，但人在亭子中活动时，也就是置身于焦点中时，需要一个新的焦点吸引目光。

步骤6：边界处理，设计景观焦点

知识链接：

就独立住宅花园的边缘而言，至少有两侧与邻居的侧院紧紧相连，可考虑使用围合垂直元素进行阻隔，保证私密性。一般情况下，两侧建有围墙作为场地的边界，围墙是比较生硬的垂直元素，可以考虑改变围墙的材料、色彩，又或者将水景、植物、灯光与围墙进行结合，使其变得柔和而富有层次。

前院一般面向小区的公共道路，车流量较大，噪声较大，私密性较差，处理前院的边界时，一般使用较为柔和的植物进行遮挡，降低噪声。从外部道路向前院内部看，统一开发的别墅最大的弊端就是所有的住宅外貌相同或高度相似，缺乏识别性与归属感，如图2-38和图2-39所示。庭院入户适合设计一些特别的景观，如颜色鲜艳的植物、造型特别的廊架和小品等，让归家的业主或来访的朋友远远就能识别目的地；庭院入户是外部空间

图2-38　缺乏识别性的住宅（1）

图2-39　缺乏识别性的住宅（2）

进入内部空间的过渡区域，同时具有集散的需求，因而需要一个适当面积的空间，避免一进门就是狭长的道路。

后院面向的景观存在多种可能性，有可能是优质的风景，如山景、水景等，如图2-40所示，并且人流量极少，这时可以大胆地进行开阔视线设计，将景色引入庭院内部；但也有可能是糟糕的环境，如城市道路、满是砂石的储备用地、邻居家的

图2-40　某别墅庭院外部风景优美

后花园等，尽可能使花园与外部环境进行隔离，隔离的程度根据环境的情况决定。

步骤7：检查方案，设置这些功能区是否影响公共给排水管？是否影响原有电网？如果有影响，是改公共设施还是改方案？

项目在前期调研时，需要标注好庭院中的排水口、电路设施、水管设施，非必要时尽可能不改动，尤其是属于公共的水管、电管，不能改！方案尽可能迁就这些设施。庭院内的排水管应便捷地接入到公共管道中。

当然，有时候会遇见"疯狂"的业主，掏空地下一层，增加室内面积和景观面积，改变公共设施的走向，面对这样的业主，该如何应对呢？

注意点：

功能图解可以边思考边画，画的过程中随时修改，也可以多画几张，在对比几个不同方案后，最终形成一张最优方案。下一步转化为具体形式时，就用这一张泡泡图。

正确的功能图解与错误的功能图解，如图2-41和图2-42所示。

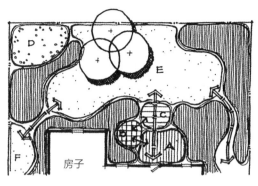

正确	错误
（每个功能区之间没有空白）	（每个功能区之间留有大面积空白）
图2-41　正确的功能图解	图2-42　错误的功能图解

？ 思考与讨论

1. 为什么不直接画平面图，而要画带有"泡泡"的构思草图？

2. 为什么要快速做出不同的方案，并且要反复对比？

3. "十三五"期间，党中央坚持以人民为中心的发展思想，顺应人民对美好生活的向往，把增进民生福祉作为发展的根本目的，在民生领域实施了一系列新举措，在幼有所育、学有所教、劳有所得、病有所医、老有所养、住有所居、弱有所扶上取得一系列历史性进展，在不断提高人民生活水平方面取得重大成就。

作为设计师的你，请从居住的角度出发，思考人们向往美好的生活内涵是什么？

任务 3

地形设计

任务描述

上一任务中，功能布局时考虑了建筑环境、微气候因素，但没有考虑地形对功能的影响，这是因为初学者综合考虑各种因素会顾此失彼。本任务主要探讨在现有地形条件下，之前做的功能分布是否在不改变或尽量少改变现有地形的条件下实施。同时，还要思考地形对视线与空间感带来的变化。调整地形或功能区时，该如何表达？

学习目标

①读懂项目原有地形条件。
②根据功能构思设计地形，使空间适应地形。
③能正确表达原有地形，并设计地形。

任务书

请根据业主提供的场地地形条件以及功能分布图，思考功能如何与地形结合，为别墅庭院设计地形。

设计要求：

①避免大规模改变现有地形，避免产生大面积挖方，场地内实现土方平衡。

②可适当改变场地地形，以便实现已经确定的功能；地形条件不能满足功能的实现时，需重新调整功能分布。

③尽可能营造高低错落丰富的空间层次，增加趣味性。

3.1 知识储备

地形的定义、功能和类型。

3.1.1 地形的定义

地形是指地表三维空间的起伏变化所形成的多种多样的外貌或者形态。

3.1.2 地形的功能

（1）承载人类活动

地形能承载人类的活动，同时，在园林中成为其他景观元素的骨架。可以利用地形的变化，创造出不同类型的活动场地，满足人们的需求，如图3-1至图3-3所示。

（2）对视线进行控制

创造地形的起伏，可以影响景观的可视性及可视程度（图3-4），创造景观的层次，也可以影响观赏者对景观观赏的高度以及距离，可以从这个角度判断及修正方案。

图3-1　参数化地形

图3-2　自然式地形

图3-3　规则式地形

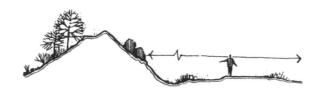

图3-4　地形对视线的控制

（3）对气候进行塑造

地形能影响光照、风向以及降雨量。虽然园林中的地形体量不足以影响雨量、风向，但是地形的起伏与植物、水体等景观元素的组合，能产生叠加效果，对光照、风向等产生一定的影响，从而形成微气候，如图3-5所示。

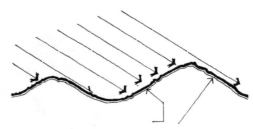

图3-5 地形能对微气候进行塑造

（4）对边界进行限定

斜坡能够阻挡视线，形成明确的空间边界，控制场地的范围，而平地则相反，形成开阔感，边界较为模糊，如图3-6所示。

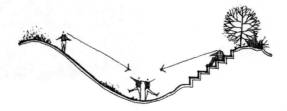

图3-6 地形对边界起到界定作用

（5）对空间进行点缀

小型的地形也是一种景观元素，在空间中与水体、雕塑、游戏设施相结合，能起到点缀空间的效果，如图3-7所示。

图3-7 地形对空间起到点缀作用

3.1.3 地形的类型

地形大致可以分为平地、凸地、山脊、凹地、谷地。

（1）平地

平地是指没有明显高度变化的场地，如图3-8所示。由于没有明显的边界，它给人一种开阔、空旷、暴露的感觉，没有隐蔽性，更没有任何可以降低噪声、遮风蔽日的屏障，所以一般会对它加以改造，增加一些植被或者墙体。但是平地也具有独特的优点，如它能给人一种舒适、踏实的感觉，人们在穿行的过程中，不会担心自己会滑倒，因此平地是一种理想的聚会、休息场所。同时，因为毫无遮挡，视线不受阻碍，大多数设计的景观要素很容易被看到，形成统一协调感，因此法国文艺复兴时期花园常建于平地上。借此受到启发，在平地中设置休息场所，并在其中设置一些形状或颜色特殊的景观元素，与平地形成强烈反差，更容易受人瞩目。

图3-8　平地

（2）凸地

凸地指一些土丘、丘陵、山峦的最高点。凸地的斜坡面与顶部限制了空间，控制了视线的出入。当凸地周边的景观元素比较低矮、形式统一时，凸地本身可以成为焦点，具有支配的地位，如在凸地上建造标志物，更能凸显定位或导向的功能。与之相随的另一个特性，只要人能站在凸地的顶部，便能获得开阔的视觉享受、鸟瞰的视觉效果，从这个角度来看，凸地是建设观赏建筑、平台等重要的场所。最后，凸地还是一个对"微气候"有调节作用的元素，如前所述，不同方向的坡面具有不同的光照、风向条件。凸地的视线关系如图3-9所示。

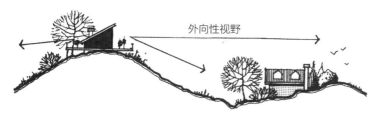

外向性视野

图3-9　凸地的视线关系

（3）山脊

山脊是一系列凸地点的结合，连成线状，如图3-10所示。它具有与凸地类似的特点，但也有其独特之处，它能给观赏者带来持续的开阔视线，并且具有导向性和动势感，这种感受通常能在连绵起伏的山体森林公园中获得，具体如何运用这样的地形，将在森林公园的规划设计专项实践中讨论。

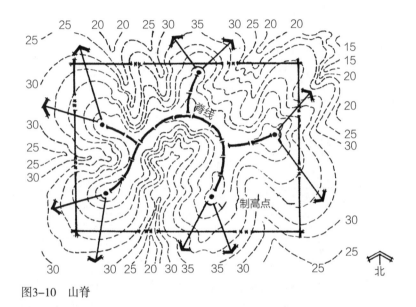

图3-10 山脊

（4）凹地

凹地指两个凸地之间构成的空间，如图3-11所示。凹地的形成方式有两种：一是当地面某一区域的泥土被挖掘时，二是当两片凸地连接在一起时。凹地是园林空间中最重要的空间，具有内聚的性质，不受外界干扰，因此大多数活动都安排或自发地在凹地空间中。

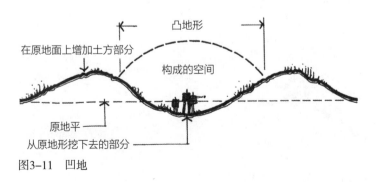

图3-11 凹地

　　凹地的特点有封闭感和私密感，如图3-12所示。其封闭程度取决于周围坡度的陡峭程度和高度，以及空间的宽度。这种封闭性某种程度上起到了不受外界干扰的作用，从而形成户外空间的私密感。因此，凹地很适合用于理想的下沉式表演空间，四周斜坡的观众能很好地看到地面上的表演，如图3-13所示。

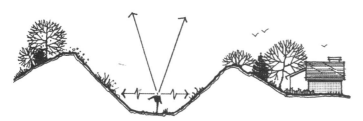

图3-12　凹地的封闭性

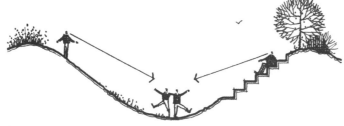

图3-13　凹地适合形成表演空间

　　凹地具有良好的微气候。同一地区的凹地相比起凸地，更容易躲避风沙及获得比较暖和的微气候，缺点是相对来说比较潮湿，容易积水。由于地势低洼，凹地内如果不采取有效的排水措施，会容易积水。但同时洼地也存在一个潜在功能，可以作为临时性蓄水池，营造季节性景观。

　　（5）谷地

　　谷地与凹地类似，与山脊概念相对，呈线状，也具有方向性，如图3-14所示。谷地常常伴有小溪、河流，谷地底层土地肥沃，是产量极高的农作物耕地，属于生态和水文地域，也是生态敏感地带，因而在使用谷地时需避开潮湿区域，避免生态遭到破坏，如图3-15所示。

图3-14　谷地

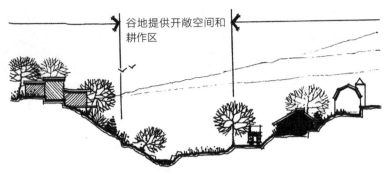

图3-15 谷地提供的开放空间和耕作区

3.2 技能储备

各种地形的表达。

3.2.1 地形标高

地形主要以闭合的等高线进行表达。所谓的等高线，就是把地面上海拔相同的点相连所得的闭合曲线。既然是等高线，那每根闭合曲线的高程差必然相等。同比例下，等高线越密的地方地形越陡，越疏的地方则越缓，等高线与地形如图3-16所示。

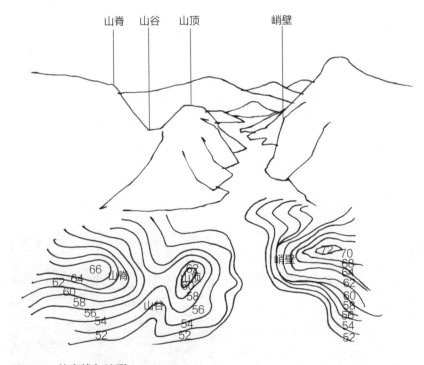

图3-16 等高线与地形

注意点：

①原有地形等高线用细虚线，设计后等高线用细实线。

②等高线不能交叉。

③等高线总是各自闭合，绝无尽头（除陡崖外）。

④等高线不能等距偏移，等距偏移的线没有陡坡和缓坡区分。

⑤山脊线为曲线，并非直线。

⑥每一根等高线需要标注其标高，单位为"米"，单位无须写出。

错误的地形表达如图3-17至图3-19所示。

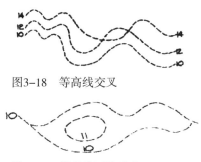

图3-18　等高线交叉

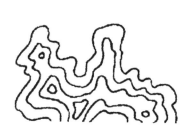

图3-17　地形等高线设计过于曲折

图3-19　等高线不能重合

3.2.2 场地标高

一般指边界明确、完整、封闭、场地相对平整的场地标高。在平面图标注标高时，在场地边界内标注"▼""+""-"这样的符号，加以数字表达高度，数字后面不带单位，一般默认为毫米。剖面图中表示标高，以同样的方法表示，"▼"符号底部尖端处需要延伸高度线或直接标注在相应的高度位置。值得注意的是，当出现相对标高0.000时，需标注为"$\underline{\overline{\underline{\,}}^{\,0.000}}$"，如图3-20所示。

3.2.3 坡度

坡度表示地表单元的陡缓程度，通常将坡面的垂直高度（H）和水平宽度（L）的比称为坡度，通常用百分比来表示，如图3-21所示。在平面图中，需要用"方向箭头+百分比数值"表示，箭头所指方向即下坡方向，如图3-22所示。不受冲蚀时所允许的最大斜坡为50%，大多数草坪和种植区域所需要的最大坡度为33%，称为"安息角"。

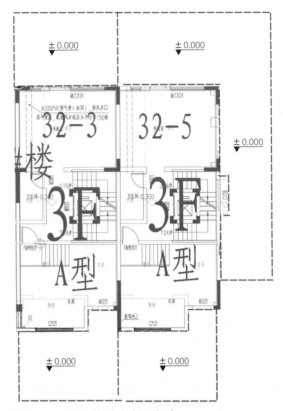

图3-20　基础图纸中的场地标高

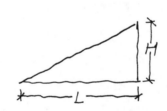

图3-21　垂直高度与水平宽度

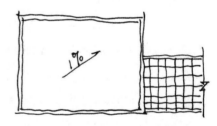

图3-22　平面图坡度的表达

3.2.4　楼梯

处理地形时，更多采用楼梯处理高差。在楼梯的平面图中，通常需要用到方向箭头与文字进行结合标注（图3-23）。楼梯上方与下方场地标高必不可少，通过两端场地标高可以计算出每级楼梯的高度。园林空间中的楼梯一般为100~200mm，遇上特殊的地形，如悬崖峭壁，楼梯的高度跟随地形变化，楼梯也会变得不标准（图3-24）。

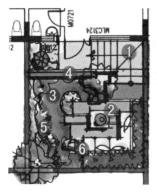

图3-23 方案中规则楼梯的 图3-24 悬崖峭壁中不规则的楼梯
表达

3.3 任务实施过程

步骤1：读懂场地原有地形。

引导问题：请描述地形现状。整体呈什么方向高？什么方向低？地形最高点在哪里？最低点在哪里？最高点与最低点相差多少？坡度是缓坡还是陡坡？

步骤2：原有地形是否需要改变？

提示：原有地形能否满足想要的功能？如果不能，是改变地形还是改变功能？改变地形的优点和缺点是什么？改变功能的优点和缺点是什么？是否需要将地形与功能同时调整？重新对照业主要求，做出决定。

设置的功能区一般比较平整，如茶艺区、餐饮区、运动区等，遇上具有坡度的地形时，需要局部整平。如孩子的滑梯活动区，可以设置在一个平坦的区域中，也可以利用地势的坡度来建造滑梯，但无论如何滑梯的入口或者出口都需要有平整的区域；如观景区，无论是坡度还是平地，对观景均影响不大，可以因地制宜。

要判断设计的功能区能否放置在空间中，需先学会看地形图。常见的地形图用等高线表示，每条等高线高程差相等，等高线密集的一面为陡坡，等高线较疏的一面为缓坡，原有的等高线用虚线表示。在理解地形时，需要关注坡最高是多少？最低是多少？与建筑地面一层地面是什么关系？高了多少？低了多少？庭院设计一般使用相对标高，将建筑首层地面定为"±0.000"。

　　除此之外，还要关注地形坡势的走向，功能区能否安插其中。如果功能区本身就是有坡度的，例如，孩子的攀岩区，但场地是平整的，那么可以考虑通过人工堆土来实现。

　　步骤3：决定需要对原有地形做出改变时，请用设计等高线及标高标注清楚，与原有地形进行区别，如图3-25所示。

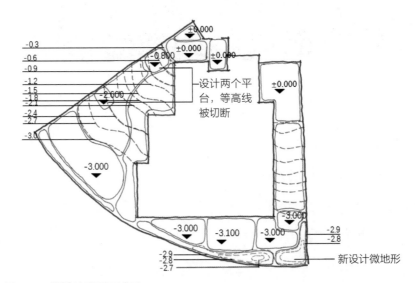

图3-25　设计地形平面表达

　　步骤4：在地形中设置道路（包括台阶与坡道），请在图中用图例表示清楚，如图3-26所示。

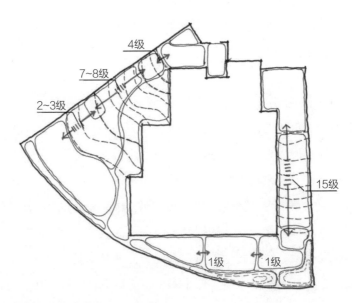

图3-26　使用楼梯处理坡度高差

知识链接：

　　人在平坦的地面上行走是最舒服的，消耗的力气最小，步伐也最稳健。遇上坡度时，需要寻找接近水平地形的地方设置道路，减少穿越坡度。在较大的山地中，谷地、脊地顶部是设计活动场所和道路的理想之处。如果需要在坡度更大的地面上下时，为了减少道路的陡峭，道路应斜向等高线，而非垂直于等高线，如图3-27所示。

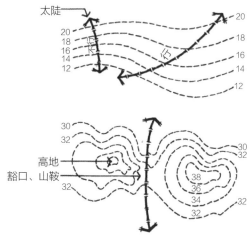

图3-27　道路在坡地上的设置

　　在空间较小的坡度场地中，道路别无选择，只能垂直于等高线，则尽可能选择台阶来消化高差，坡较陡时，如1.2m（10级左右）时，设置一个休息平台；坡较缓时，如5级左右时，设置一个休息平台，以便行走舒适以及植物在楼梯两边做收口处理。如果可行，也可以设置坡道，步行坡度不宜超过10%。详细尺度要求，可参考任务6园林构筑物设计。

　　调整地形时，除了考虑功能外，还要考虑新地形本身的美感，如图3-28至图3-33所示。

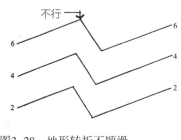

图3-28　地形转折不顺滑

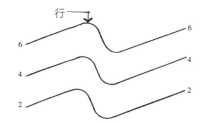

图3-29　地形转折顺滑

图3-30　山顶和地面一般不建议呈尖角相交

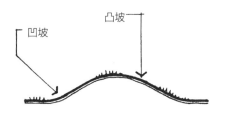

图3-31　山顶和地面呈圆滑连接

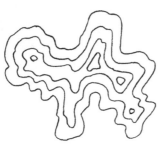 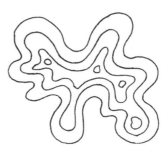

图3-32　等高线过于曲折　　　　　图3-33　等高线顺滑

你不能不知道的事：中国人的自然观

设计师接受项目委托的时候，最关注的前提条件之一便是地形。这个时候的地形大多数是自然形成的，它是自然界的产物。面对地形，大部分时候都保持着"尊重"的态度，能不大改则不大改，必须要改则尽可能在项目场地内实现土方平衡，也就是常说的小改。面对更大的地形地貌，则高度尊重，这是目前业界的基本共识。除了节省费用，还因为"尊重自然""天人合一"是中国文化的基因。

中国文化将人与自然或外部世界的关系看成是和谐的，浑然一体的。《庄子·外篇·山木》中说："有人，天也；有天，亦天也。"董仲舒说："以类合之，天人一也。""天人合一"的思想一直是中国哲学思想的最高境界。人和自然在本质上是相通的，故一切人、事均应顺乎自然规律，达到人与自然和谐。

这种思想表现在人们在选择与改变地形地貌的态度上则为"顺应"。《江城》一书中讲道："中国人对待自然环境的态度与外国人截然不同。当我们看到那些呈阶梯状的小山小包，注意的是人如何改变土地，把它变成了缀满令人炫目的石阶的水稻梯田；而中国人看到的是人，关注的是土地怎样改变了人。"

中国的传统乡村在选址时强调枕山、环水、面屏，并且有广阔的耕作腹地，利用自然的地势为生存提供天然的安全屏障，利用天然的水资源与耕地资源为生存提供便利条件，如图3-34和图3-35所示。中国都江堰水利工程给世人留下的经验：深掏滩、低作堰、遇湾截角、逢正抽心，正是顺应自然、因势利导的设计原则，使战国时期洪水泛滥、干旱频传的成都平原改头换面，号称"天府"，福泽千年。诸如此类的案例，在中国有很多，这种尊重自然的基因深植于中国人的骨髓。

一方庭院即是一方自然，我们应恪守"祖训"。

图3-34　依山而建的婺源篁村

图3-35　顺应自然的都江堰水利工程

空间设计

☑ 任务描述

任务2与任务3中，将精力集中在功能布局图的合理性上，利用功能构思图反复推敲与调整，寻找最优的空间解决方案。但是简单的圆圈、箭头是一种抽象图案，而非具体方案。需要将方案变得更具体，接近方案实施后的效果，因此，需要运用美学法则，将这些圆圈变成空间的具体边界、箭头变成双线的道路、折线符号变成具体的遮挡设施等。本任务内容就是运用美学法则将"泡泡图"转变成具体形式。

☑ 学习目标

①能掌握矩形空间、多边形空间、圆形空间的变换方法。
②能模仿大自然，变换出自然的空间形式。
③能将几何形态与自然形态综合使用。
④能将最后确定的功能构思图，通过美学规律变成几何形态、自然形态或者几何与自然的混合形态，并能绘制出简单的平面图。

☑ 任务书

将做好的功能分区图转化为具体的空间形式，使空间具有实用性和美观性。

设计要求：

①各空间形式协调。

②各空间流畅可达。

③各空间尺度合适。

4.1　知识储备

方形空间、多边形空间、圆形空间、模拟自然纹路的空间以及混合式空间。

4.1.1　方形主题空间

方形是最简单、有用的几何元素，正方形和矩形是景观设计中最常用的几何形状，因为它们与大部分的建筑形状相似，更容易与建筑相协调，并且能衍生出相关图形。

方形最容易形成中轴对称，其本身也是中轴对称的图形（图4-1）。大小不同的方形经过有序的排列组合，便能形成中轴对称的空间，中国的四合院等是典型的由方形空间组合而成的中轴对称空间（图4-2）。通过大小不同的方形、三维空间的高低错落处理后，加以材质的变化，在空间充满理性与序列的基础上另有一番趣味，方形方案实例如图4-3至图4-6所示。

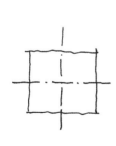
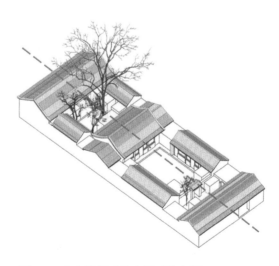

图4-1　方形的对称性　　图4-2　由方形组成的中轴对称空间

图4-3　方形庭院实例（1）

图4-4　方形庭院实例（2）

图4-5　方形庭院实例（3）

图4-6　方形庭院实例（4）

　　方形的另外一种对称性为对角对称，因此，方形进行对角切割则衍生出三角形（图4-7）。三角形在花园的应用中会产生过多的锐角及折线（图4-8），这种尖锐的感觉人们会觉得新奇，但长时间使用这种空间会因为这种"尖锐"感而感到不适，因此，三角形主题空间不如方形空间多见。

4.1.2　多边形主题空间

　　以多边形为主题设计的空间，实际上由米字型网格衍生而来，但角度产生了变化，不局限在135°，而是约等于135°。可以直接理解为约135°角与直线组合的图形，由此演变出的有正六边形、梯形

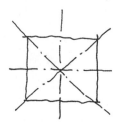

图4-7　方形的对角对称

图4-8　三角形主题花园

或不等边多边形等（图4-9）。它比方形空间更富有动态，能带来更多的动感，同时其水平线又能与建筑保持协调关系，因此，多边形态在设计中最为常用（图4-10和图4-11）。在使用中，不一定要保持图形的水平，它的方向可以是多变的。

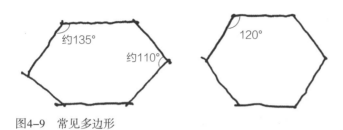

图4-9　常见多边形

图4-10　不规则多边形组合空间

图4-11　不规则多边形景观小品

4.1.3 圆形主题空间

圆形的魅力在于它的简洁性、统一感和整体感。它既包含静止又包含运动双重特性。单个圆形设计出的空间能突出简洁性、力量感和向心性。圆形对中华民族来说具有特殊的意义，它代表了包容与和谐，因此，在许多公共空间均能看到圆形。

多个圆和圆弧、多个圆和垂直要素在一起能够达到一定韵律的动态效果，如图4-12至图4-17所示。

图4-12　单个圆形的空间

图4-13　多个圆的重叠

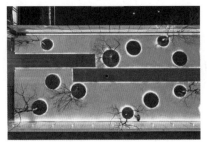

图4-14 圆与直线的组合

图4-15 平面上的圆与立面上的圆呼应

图4-16 屋顶花园中立体的圆

图4-17 不同高度圆的立面效果

4.1.4 自然式主题空间

有很多场地并不适合使用纯几何形的设计形式，尤其是一些需要展现人工低干预的自然景观，要使用一些更为松散的、更贴近生物有机体的自然形体。

另外一种需要设计得自然的情况是由使用者所决定的，他们喜爱自然的审美深植骨髓，因而更希望看到设计是一种自然的形态，这个跟场地本身没有太大关系（图4-18）。中国人"虽为人作，宛自天开"的造园理念最能表达何为最自然的形式。对于中国古典园林，有系统的理论及造园手法，不能用简单的语言进行概括，因此，需要大家再另外学习中国古典园林中自然的造园手法。

（a）

（b）

图4-18 自然式花园

4.1.5　混合式主题空间

规则的几何形与自然形相结合称为混合形式。有时遇上的场地形状是异形的，单一的主题形状不能很好地适应场地，又或者使用者希望场地是由多种形状构成的，丰富多样，这时就需要用不同形状进行组合，在一个场地中可能会用到矩形、圆形、不规则形以及曲线元素等。将不同的元素组合在一起，使它们与场地完美结合，同时彼此之间协调，是常常用到的方法。混合式私家花园平面图如图4-19所示。

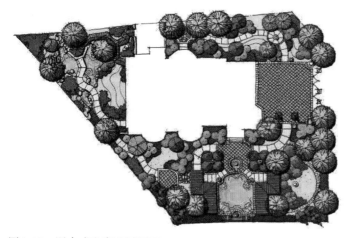

图4-19　混合式私家花园平面

4.2　技能储备

设计方形主题空间、多边形主题空间、圆形主题空间、自然式主题空间和混合式主题空间。

4.2.1　设计方形主题空间

将功能图转化成方形空间，有两种方法：一是直接将带有圆弧的功能区域变成方形，注意在变形的时候，功能区的面积基本保持不变；表示交通系统的箭头变成长方形的道路，与功能区交界的位置如标高一致保持开口。二是在功能布置图上画大小一致的网格，功能区等沿着网格被拉直，箭头从单线变成双平行线，所有的线都必须与网格形成平行或垂直关系。方形主题空间的转变过程如图4-20所示。

试一试，将以下"泡泡图"设计成方形主题的花园，如图4-21和图4-22所示。

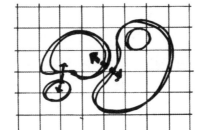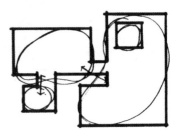

图4-20　方形主题空间的转变过程

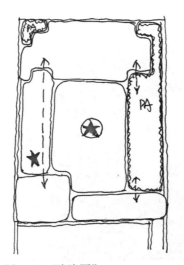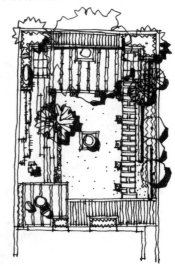

图4-21　"泡泡图"　　　　图4-22　形式图

4.2.2 设计多边形主题空间

（1）135°+直线

在方形的网格模板基础上将对角线连接起来，得到一个新的网格模板，功能图参照模板进行变形，使功能图的每根线都与模板中相同方向的线保持平行（图4-23）。当方向改变时，主要的角度应该是135°或90°，尽可能避免锐角（图4-24），因为狭窄的锐角结构常常容易损坏或留有安全隐患（图4-25）。但是如果因为高差或者特殊的交通需要，锐角是合理的存在（图4-26）。135°+直线为主题的设计实例如图4-27和图4-28所示。

带对角线的方形网格，内含45°的等腰三角形，因此也会衍生出以三角形为主题的花园，尽管出现了锐角，但某些特殊的花园也会采用三角形为设计主题，设计师尽力使锐角变得合理，例如将锐角放置在拐角处或有高差的位置，或使它具有一定的高度等，如图4-29和图4-30所示。

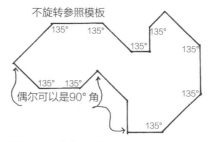

图4-23　方形网格基础上增加对角线　　图4-24　功能区出现135°

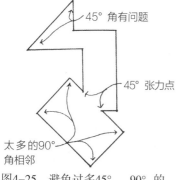

图4-25　避免过多45°、90°的角出现

图4-26　由高差引起的锐角

图4-27　多边形主题景观实例

图4-28　由135°+直线演变的设计实例

图4-29　三角形主题花园

图4-30　与建筑围合方式呼应的三角形花园

（2）正六边形

正六边形空间实际上是在120°的网格模板参照下演变出来的形状，如图4-31所示。设计中为了快速表达，可以不画120°的网格，直接将功能区用正六边形替代。趋向圆形的功能区域可以用一个正六边形替换，如遇上长方形的功能区域，则可以用两个重叠的正六边形替代，在替代过程中，务必使每一个六边形的其中一条边与另外一个六边形其中的一条边保持平行关系，保证统一性。另外，若遇上狭长的道路，道路两边需与六边形的边保持垂直关系或平行关系，如图4-32至图4-36所示。

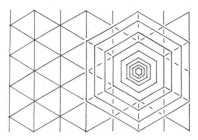

图4-31   正六边形网格

图4-32   正六边形主题花园

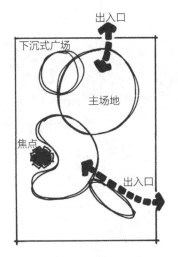

图4-33   功能"泡泡图"

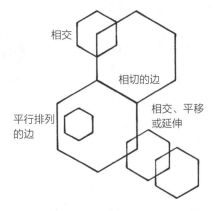

图4-34   正六边形替代功能"泡泡图"

图4-35   正六边形主题景观构筑物

图4-36   中式庭院的正六边形窗洞

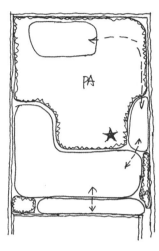

图4-37　功能"泡泡图"

图4-38　多边形主题空间

试一试，将以下"泡泡图"设计成多边形主题的花园，如图4-37和图4-38所示。

4.2.3　设计圆形主题空间

（1）完整的圆形

根据功能图中的功能区域大小不同，用大小不同的完整圆形进行直接替代（图4-39至图4-41），如果遇上功能区域是狭长形的，可考虑用一大一小的圆形进行重叠替代，两圆相交重叠尽可能让重叠的面积多一点，避免在交叠处形成锐角。遇上道路则有两种处理方式：一为两个功能区域联系非常紧密，则考虑将两个圆形区域直接相交，将圆重叠部分的线擦去；另一种为两个功能区距离较远，联系不紧密，需要用细长的道路进行连接，设计道路时，将道路中线从圆心延伸出来（图4-41），道路沿着道路中心左右对称偏移，这样能使道路与功能区域有较强的连接关系。

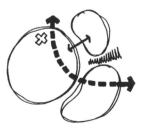

图4-39　功能"泡泡图"

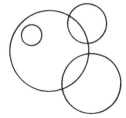

图4-40　用圆替代功能区

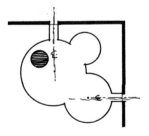

图4-41　道路从圆心延伸

（2）同心圆与半径

首先需要准备一个由同心圆与半径组合而成的"蜘蛛网"，将网格铺于"泡泡图"之下（图4-42），然后将"泡泡图"中所示的功能位置及尺寸遵循网格线的特征，绘制出园林空间的平面图，保证"泡泡图"中的每一根线都能跟网格找到平行或从圆心发射出来的关系（图4-43），不必每根线跟网格完全吻合。场地与周围的元素形成90°的连线（图4-44）。

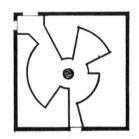

图4-42　功能"泡泡图"与同心圆网格　　图4-43　沿着同心圆网格线使"泡泡图"变形　　图4-44　同心圆网格控制下的空间

（3）圆弧与切线

直线同圆相接且与半径呈90°夹角就形成切线，取两条切线相夹的外圆弧，则是需要的圆弧与切线（图4-45）。同理，沿着功能"泡泡图"圆弧外围作切线，得到一个由切线连成的组合方形，大的功能区用圆替代，方形的每一个拐角用小圆弧替代（图4-46）。最后，对图形进行整理，只留下圆弧与相切的直线。可以得到一个类似方形的空间，但是圆弧使方形空间更柔和（图4-47）。

试一试，将以下"泡泡图"设计成圆形主题的花园，可以选用以上任何一种圆的设计方

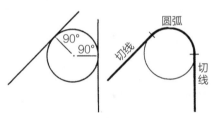

图4-45　圆弧与切线

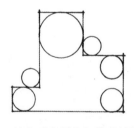

图4-46　从方形向圆与切线的转换

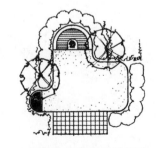

图4-47　圆弧与切线形成的花园

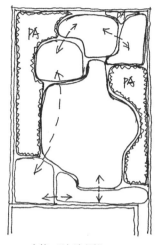

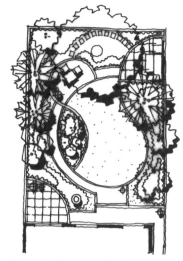

图4-48　功能"泡泡图"　　　　图4-49　圆形主题花园

式，如图4-48和图4-49所示。

4.2.4 设计自然形式主题空间

设计自然的空间有三种情况。

第一种情况是生态设计。它是重新认识自然的基本过程，是人类探索最小程度地影响生态环境甚至促进环境再生的设计行为，例如将一片已经退化的湿地生态系统进行重建。

第二种情况是创造一种自然的感觉。用人为的方法营造接近自然的景观，例如用植物及岩石营造自然的河岸，模拟自然的样子，但实际是用人工灌溉系统使植物保持自然生长，这种方法对整体生态系统未必有利。

最后一种情况是既不考虑生态系统的保护与再生，又不直接模拟自然的样子，而是完全人造的环境，但把自然界的要素加以抽象利用，其景观元素的形状及布置形式映射出自然界的规律。

如果设计是处在后两个层次，则可以用以下几种方法：

（1）模仿

模仿是指对自然界形体外貌不做大的改变，尽可能百分百地复刻，如图4-50所示。

图4-50　人工可循环的小溪

（2）抽象

抽象是指对自然界山川、河流的形态加以抽取，再被设计者重新解释并用于特定的场地。它与自然原来的物体有很大的区别，体现了很强的人工感，如图4-51所示。

抽象是设计中最常用的手法，例如自然的河流，其蜿蜒的曲线经常被抽取出来，用于道路、铺装和种植设计中，抽取出来的曲线或形同自然的曲线，或变成规则的曲线，并赋予一定的意义，如图4-52和图4-53所示。

自然界中还有很多曲线，例如树皮中的曲线纹路、潮汐潮退在岸边形成的曲线纹路、烟雾在空气中形成的曲线纹路等，曲线有流畅的，有无规律颤动的。选择不同的自然对象，理解它的动感及力度，加以抽象，用在不同的项目及场地，能创造出别有韵味的感觉。

除了曲线，自然界中还有很多形象可以加以抽象使用，例如树叶的形态、海螺的螺旋形、蕨类植物带曲线的螺旋形、石块裂缝或干裂的泥浆形成的不规则多边形、青苔生长的边缘线等，都可以抽取出来加以利用。

（a）　　　　　　　　　　　　　（b）

图4-51　抽象自然式园林

图4-52　对河流进行抽象　　图4-53　对孤岛进行抽象

（3）类比

类比来自自然现象，但又超出了外形的限制，可以理解为功能的类比，例如道路上的排水道是小溪的类比物，但是跟小溪看起来完全不同（图4-54）。又可以理解为形式的类比，例如下沉式活动空间是盆地的类比物（图4-55）。

（a）

（4）聚合和分散

自然界中的物体除了本身具有形状，它们组合起来也会呈现不同的形态，会出现聚合和分散的状态（图4-56）。由硬质景观向软质景观逐渐转变时，或想创造出一丛植物渗入另外一丛植物群的景象时，用聚合和分散的手段（图4-57）。一个丛状体和另一个丛状体在交界处要以松散的形式连接在一起。

（b）

图4-54　溪流的类比物

（a）

图4-55　盆地的类比物

（b）

图4-56　自然界中浮萍的聚和散

图4-57　铺装的聚和散与不同植物丛的相互渗透

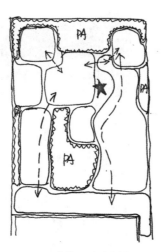 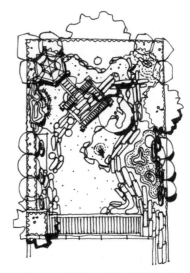

图4-58　功能"泡泡图"　　　　图4-59　模拟自然的庭院平面设计

试一试，模拟自然，并将"泡泡图"设计成自然主题的花园，如图4-58和图4-59所示。

4.2.5　设计混合式主题空间

在规则的场地空间里可以使用混合式主题，它能使空间形态灵活多变；在不规则的场地空间里使用混合式主题，能有效缓冲规矩的建筑与异形花园的矛盾。要使不同形态的空间协调地组织在一起，并且与场地的边界不冲突，只要抓住几个关键诀窍即可，即平行、对齐、垂直、类似及善用曲线（图4-60）。景观元素之间或景观元素与建筑、场地边界尽可能找到这种关系，若形态还不协调，则可以考虑用曲线进行调和。

试一试，将以下"泡泡图"设计成混合式主题的花园，如图4-61和图4-62所示。

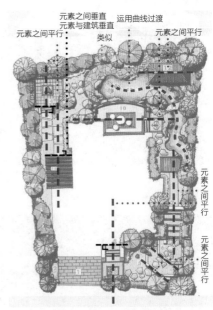

图4-60　混合式私家花园平面图

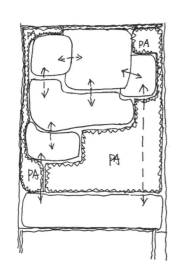

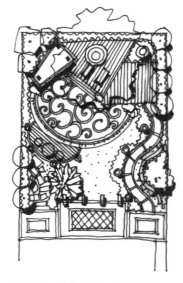

图4-61 功能"泡泡图"　　　　图4-62 混合式花园平面设计

4.3 任务实施过程

 **步骤1：素材准备。** 准备好一张硫酸纸、网格图以及最终确定的功能"泡泡图"。功能图置于最下面，上面放硫酸纸绘制的网格图，最上面放置空白硫酸纸（此处为已完成的方案图），如图4-63所示，并用夹子将它们固定好。

设计方案

网格模板

概念设计与场地条件

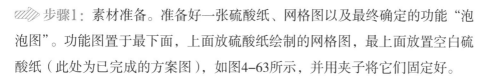

图4-63 图纸叠放

步骤2：根据网格转换功能空间。 将功能区域对照网格，找到平行、垂直或放射等关系，将功能区进行变形。变形时要注意功能区的转折不要太多，尽可能使形态简约，如图4-64所示。

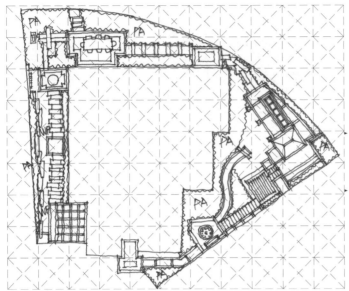

景观元素尽可能与135°网格保持平行

景观元素不能与135°网格保持平行
需跟场地边缘线保持平行

图4-64 参照网格转换空间

提示：错误的变形与正确的变形，如图4-65和图4-66所示。

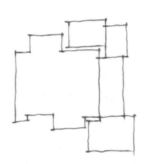

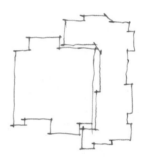

图4-65 正确的变形——边缘保持简约

图4-66 错误的变形——边缘转折过多

▨▨ 步骤3：整合功能区。联系紧密的功能区，考虑省去中间道路，或者两个功能区局部重叠。距离较远的功能区用双线道路连接，道路也要符合网格图的走向，也可以用曲线的道路，如图4-67所示。

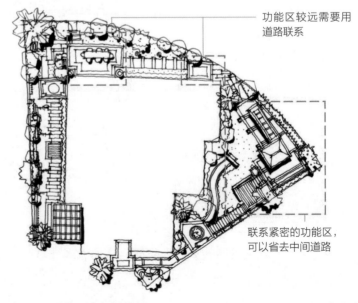

功能区较远需要用道路联系

联系紧密的功能区，可以省去中间道路

图4-67 功能区之间的处理

提示：道路与功能区连接处尽可能保持垂直关系，如图4-68所示。道路除了可以用连续的线，还可以考虑用汀步，汀步的大小可以有规律变化，如图4-69和图4-70所示。

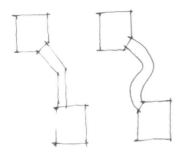

图4-68 道路与功能区保持垂直关系

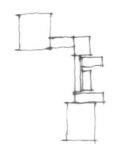

图4-69 汀步在拐弯处用较大面积的铺装

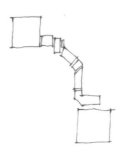

图4-70 汀步在拐弯处用较小面积的铺装不利于行走

步骤4： 检查变形后的功能区尺度是否合适，形状是否能按计划放下相应的设施，如能绘制相应设施，也可画出，如图4-71所示。

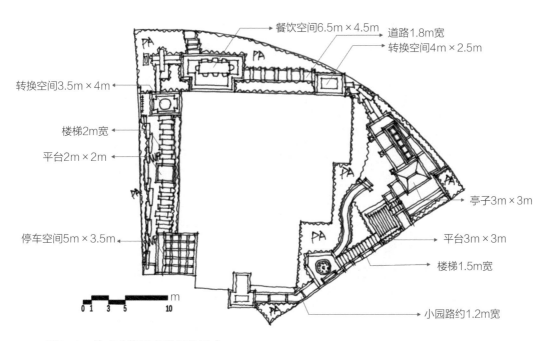

图4-71 检查功能区变形后的尺寸

步骤5： 检查道路是否从功能区中间穿过？对功能区中的活动是否有不良影响（图4-72）？是否需要微调道路穿行的角度？

步骤6： 结合地形，检查道路、功能区之间是否有高差，增加楼梯或者斜坡，如图4-73所示。

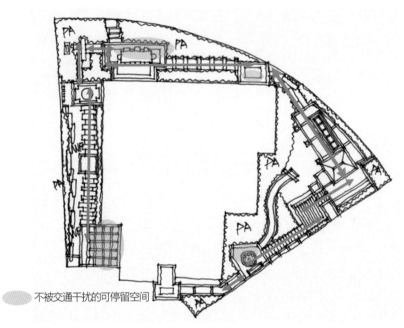

不被交通干扰的可停留空间

图4-72 检查道路是否连贯

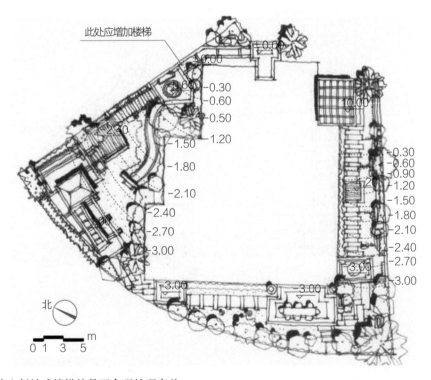

此处应增加楼梯

北

0 1 3 5 m

图4-73 检查斜坡或楼梯处是否合理处理高差

步骤7：余下的空间，用封闭的小波浪线圈起来，标记好"PA"（种植区），如图4-74所示。

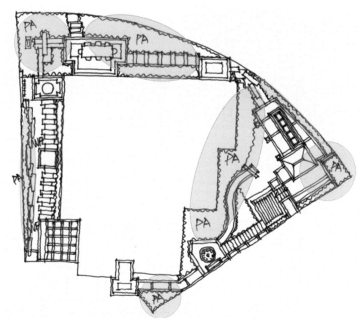

图4-74　标记好种植范围

注意：对于小型的私家花园用不同的几何元素或自然元素就能规划好整个场地，因为小型的花园道路系统比较单一。但如果遇上大型的庄园或者公共空间，要将不同的功能区有机统一起来，就涉及分区并且使用轴线结构进行整合。

你不能不知道的事：传统院落也爱用几何形

本任务大篇幅讲述了几何形态空间的形成，是不是只有现代风格才会用几何形式？中式传统的院子也会用几何形态吗？

现代风格是大家比较熟悉且常见的风格（图4-75），常常以方形或者圆形等几何形式组合构成，不仅平面的规划呈现几何形态，其景观元素也以几何形态呈现，具有较强的秩序感。

使用几何形式并非现代人独有的权利，先辈们也喜欢使用几何构成。北京的故宫、客家的围楼，都反映了先辈们的几何生活美学。清朝晚期的岭南私家园林——东莞可园，其建筑布局与庭院具有很强的几何秩序（图4-76）。庭院的种植布局、水池、门洞都使用了几何图形（图4-77和图4-78），也有受西方文化影响的原因。从一方小小的居住空间，便可以看到中国人生活的几何美学以及对外来文化的包容。

图4-75　现代风格庭院

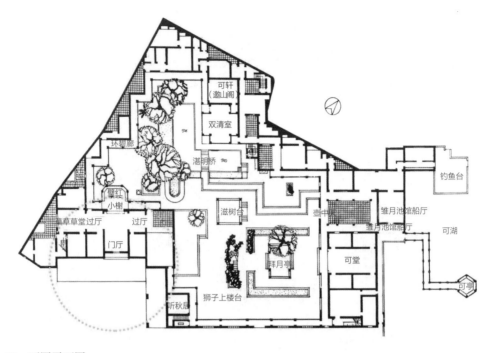

图4-76　可园平面图

（a）　　　　　　　　　　　　（b）

图4-77　可园庭院　　　　　　　　　　　图4-78　可园过道

园林建筑设计

📋 任务描述

　　园林空间从功能转换成具体形式后，产生了确定的细分的各个小空间，各个小空间承担的功能不同，为了让这些空间的功能更完善，需要在空间里增加一些细致的园林元素，包括建筑、构筑物、水体、铺装、植物等。

　　本任务主要探讨园林建筑在园林空间中的布局、组合及形态设计，着重考虑建筑与环境的关系，并运用一点透视探讨其空间效果。建筑的内部功能设计属于建筑师工作范畴，本任务不做深入探讨。

📝 学习目标

　　①了解园林建筑的含义、功能、类型。

　　②掌握建筑与环境的设计要点。

　　③掌握一点透视的画法，能根据平面图绘制一点透视空间图。

　　④能根据场地要求设计园林建筑，并能绘制建筑顶视图与空间效果图。

🔏 任务书

　　请根据上阶段做好的空间形式图，在园林空间中寻找合适的位置，根据空间特点，设计一个园林建筑，可设计单体建筑，也可设计建筑群。

设计要求：

①建筑选址合理。

②建筑功能定位合理。

③建筑风格、体量与环境相适应。

④建筑与地形协调。

⑤要求画出建筑平面布局图与空间效果图，适当示意建筑与地形的关系。

5.1 知识储备

园林建筑的含义、园林建筑的功能、园林建筑的类型、建筑与环境。

5.1.1 园林建筑的含义

狭义的园林建筑是指风景区内以控制、组织景观为主并具有画龙点睛效果的建筑。广义的园林建筑是指在自然风景、城市环境以及其他室外人居环境中的一切人工建筑物。

园林建筑是一门重要的学科，它涉及的内容和含义相当广泛，包含风景园林规划设计、建筑历史、建筑构造、建筑材料、植物配置等多方面内容。本任务将它作为一个园林要素进行探讨，而非作为一门学科进行学习。设计建筑内部的功能、结构等是建筑师的主要职责，风景园林设计师的职责则应是正确处理、设计建筑与环境的关系。在风景园林设计师的职业生涯中，大部分时间都用在安排和组织建筑物上，因此，要对建筑功能、类型、形式、特点等有充分的了解，对建筑与所在环境的关系做深入研究。

5.1.2 园林建筑的功能

园林建筑大都具有使用功能和景观创造的作用，同时也具备内部的使用功能，此处重点探讨建筑与环境的关系，不赘述建筑的内部功能。

（1）点景

园林建筑由于其体量较大，往往是园林构图的中心，能控制全园或局部的布局,成为被看的对象,在空间中起到画龙点睛的作用。

（2）观景

园林建筑除了被看,本身也常常成为观景的最佳点,因此,建筑的位置、朝向、开敞程度、高度、开窗位置等都要考虑赏景的需要以及使用者能够获取最佳的景观效果。

（3）限定空间

园林中讲求空间的组织和划分,采用一系列的空间变化,做出巧妙安排,给人以愉悦的享受,建筑的围合、交错以及连廊、墙体等恰是组织空间、划分空间的较好手段之一。

（4）组织游览路线

一栋建筑往往成为画面的重点,一组建筑物或与游廊相连,或与道路结合,获得步移景异的空间感受,共同构成观赏线。园林建筑还有助于形成空间的起承转合,当人们的视线触及某处优美的园林建筑时,游览路线就会自然而然向其延伸,建筑便成为视线引导的主要目标。

5.1.3 园林建筑的类型

园林建筑类型十分丰富,分类标准也各不相同,按照时代分可分为古典园林建筑和现代园林建筑,初学者也经常接触到这两种建筑,至于国外的园林建筑,建议参考国外建筑史相关内容。

（1）古典园林建筑

中国古典园林经历了数千载的发展,形成了皇家园林、寺庙园林、私家园林、风景名胜园林等类型,产生了适应不同园林类型的园林建筑。

从形态和使用功能来看,有厅、堂、殿、轩、馆、斋、亭、廊、榭、舫、楼、阁、塔、台等不同名称。

①厅:可以理解为现在的客厅,是主人接待客人或一家人活动的地方。北方园林的厅多在正背面开门窗,山面则砌墙封闭。而苏州一带的园林则常将厅的内部用隔扇划分为南、北两部,俗称"鸳鸯厅",如图5–1所示。苏州拙政园西区南部,就有这样的厅堂:它的南

图5–1 鸳鸯厅

半部称"十八曼陀罗花馆"，冬季可在此欣赏南院花台上的山茶花；北半部称为"卅六鸳鸯馆"，前有水池，夏季可凭栏观看水中荷花及鸳鸯。

图5-2　远香堂

另一种厅堂四面都设门窗（常是落地隔扇），以观赏厅堂周围景物，称之为"四面厅"，如拙政园中区的远香堂，如图5-2所示。

图5-3　与谁同坐轩

②堂：厅与堂同意，堂与室一般结合在一起，前为堂，后为室，处于建筑的中轴线处。堂是举行吉凶大礼、处理公务或接待宾客的地方，不住人。堂后为室，住人；室两侧为东西房。

③殿：即堂，汉以后习惯称为殿，专指皇宫中的堂。

④轩：是有窗槛的长廊或小室，殿堂前檐下的平台也称轩（图5-3）。古时候皇帝坐正殿前平台上接见臣属，称"临轩"。轩，也是古代的一种车。

⑤馆：常被用于宾客来访时临时的居所，体量通常不大，如拙政园芙蓉馆（图5-4）、留园五峰仙馆。

⑥斋：古代的斋室一般指书房和学校。斋，常有清心雅静、读书思过之意（图5-5）。

⑦亭：古时是公家的房舍，建在路旁，以便旅客投宿。秦汉时是

图5-4　拙政园芙蓉馆

图5-5　静心斋

十里一长亭，五里一短亭，十亭一乡。如今园林中的亭指有顶无墙、造型相对较小的建筑，与其原义不同（图5-6）。

图5-6　亭

⑧廊：是园林中各个单体建筑之间的联系通道，是园林内游览路线的重要组成部分。它既有遮阴避雨、休息、交通联系的功能，又起组织景观、分隔空间、增加风景层次的作用。廊在各国园林中都有广泛应用。后演变成多种形式，如长廊、短廊、飞廊、半壁廊等（图5-7）。

图5-7　廊

⑨榭：本义指土台上的木结构建筑，也意为建在高土台或水面（或临水）上的木屋。现今的榭多是水榭，并有平台伸入水面，平台四周设低矮栏杆，建筑开敞通透，只有楹柱花窗，没有墙壁，体形扁平（图5-8）。

图5-8　水榭

⑩舫：为船形建筑，平面为长方形，门开在短边一侧，室内空间有与船类似的纵深感，临水一侧的门前常有平台（图5-9）。

⑪楼：是两重以上的屋，故有"重层曰楼"之说。楼的位置在明代大多位于厅堂之后，在园林中一般用作卧室、书房或用来观赏风景（图5-10）。

图5-9　舫

图5-10　楼

⑫阁：与楼相对应的架空小楼房。多为四边形或多边形，周围雕栏回廊，作藏书、游园远眺之用。在南方，楼房上的小房间也被称为阁。在古代，女子居住的地方也称阁（图5-11）。

图5-11　阁

⑬塔：塔是随着佛教传入中国以后出现的，是外来文化与中国传统建筑融合后的产物，在漫长的文明、文化演变过程中，逐渐形成了独特的建筑风格。塔是古建筑中最高的建筑，高于楼和阁（图5-12）。

图5-12　塔

⑭台：高而平的建筑叫台，筑成方形、圆形。台上可以有建筑，也可以没有建筑。规模较大、较高者便称为坛（图5-13）。

（2）现代园林建筑

在现代风景园林中，园林建筑的形式类型增加了很多，

图5-13　坛

除了保留并延续了传统园林建筑的形式和类型外，还衍生出很多适应时代要求的现代风景园林建筑类型。由于面向大众开放，公共园林中游人数量增加，建筑成为服务大众的重要场所，它们穿插在各种风景或游览区内，要求建筑的设计与自然环境高度协调，如图5-14所示。

图5-14　新中式的建筑

现代园林建筑按其使用功能可划分为以下几类：

①游憩性建筑：主要供休息、游赏等，这类建筑的形式基本延续和发展了中国古典园林的类型，如亭、廊、榭、舫、阁等传统建筑形式，如图5-15至图5-19所示。

图5-15　新中式的榭

图5-16　新中式的轩

（a）

（b）

图5-17　新中式的亭

（a）

（b）

图5-18　新中式的连廊

（a）

（b）

图5-19　"云"形游憩建筑

②文化娱乐性建筑：主要供游人在风景园林中开展各种文教娱乐活动的建筑。一类是科普性的，如展览馆、阅览管、陈列室等，如图5-20所示；一类是文体游乐类，如演出厅、露天剧场、俱乐部、游船码头、游艺室，如图5-21所示。

③管理性建筑：主要指园区的管理设施以及方便职工的各种设施，包括大门、门卫室、办公室、宿舍、食堂、医疗卫生室等，如图5-22所示。

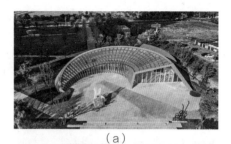

（a）

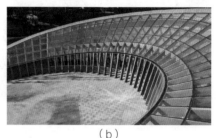

（b）

图5-20 "月"形展览性建筑

以上建筑，在功能上并不完全独立，很多情况是不同功能的建筑综合在一个建筑内，不管什么类型的建筑，在风景园林中，建筑在保证满足功能时，更重要的是要考虑它与环境的关系，对它的外形做出相应的设计，如图5-23至图5-25所示。

图5-21 农业园中的剧场

图5-22 某销售中心

图5-23 东莞植物园的卫生间

图5-24 日本东京城市公园中的卫生间

（a）　　　　　　　　　　　　　　（b）

图5-25　与交通枢纽相协调的服务性园林建筑

5.1.4　建筑与环境的关系

利用建筑物在室外环境中进行设计，这个设计过程最好是由许多专业人士密切合作，共同进行。建筑有着内部空间，有它独特的设计规范及设计方法，这是建筑师的职责，作为风景园林设计师来说，主要职责是协助正确地安置建筑物，以及恰当地设计其周围环境。换句话说，需要根据场地环境及建筑的使用功能，对建筑进行平面布局设计，对建筑的立体形态做出大致勾勒，然后交由专业的建筑师进行调整及深化。

在处理建筑及其周围环境关系时，会遇到以下情形：

①在一个区域内，要安排新建的建筑单体或建筑群时，要考虑建筑的位置是否正确，与原有的建筑和自然环境是否协调，建筑物构成的室外空间如何，建筑物内部的功能关系和美学关系是否协调，如图5-26所示。

图5-26　阿丽拉阳朔糖舍酒店新建筑与原有建筑关系

②原有建筑与环境已经不符合时代发展，亟待翻修或改善，重点在于更新或改变旧貌，使它比原有的功能更加适用，如图5-27和图5-28所示。

图5-27　原有建筑与环境　　图5-28　更新后建筑与环境

5.2 技能储备

建筑与环境总平面图画法；建筑单体三视图画法；建筑一点透视空间画法。

建筑与环境总平面图画法、建筑单体三视图画法、建筑一点透视空间画法分别如图5-29至图5-31所示，最终效果如图5-32所示。

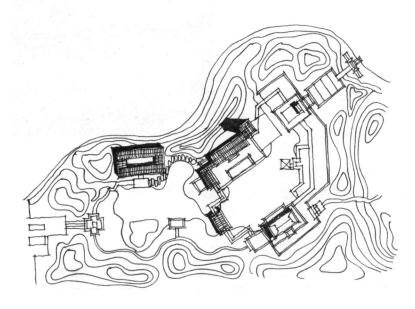

图5-29　建筑与环境总平面图

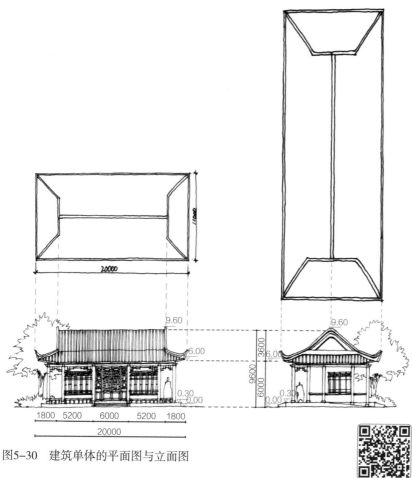

图5-30　建筑单体的平面图与立面图

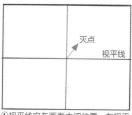

①视平线定在画面中间位置，在视平线任意位置定灭点。

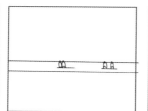

②画人作为参照物，视平线穿越人的眼睛，越靠近视平线的人越短，越靠近画者的人越长。

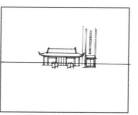

③以人的身高1.7m为参照画出建筑的高度及宽度，灭点在建筑内部，目前还不能看到明显的透视。

④按照一点透视原则，画出周边建筑，建筑的侧面灭于灭点，建筑的正面与画者平行。

⑤画出前景植物与人物，烘托气氛；中景的建筑用植物进行局部遮挡；远景植物画出高低错落的轮廓，烘托建筑。

⑥假设光源方向，刻画建筑暗部，增强立体感。

图5-31　以建筑为视觉中心的一点透视空间表达步骤

图5-32　最终效果

5.3 任务实施过程

步骤1： 根据场地要求选取合适的地方设置建筑。

提示：要给建筑选择合适的位置，首先要考虑建筑的功能是什么？它适合在环境中作为视觉焦点还是适合与环境融为一体成为背景？

步骤2： 确定建筑的功能，设计建筑的平面布局。

知识链接：

建筑平面布局要形成适当的围合封闭感，除了考虑视距与建筑的高度，还需要考虑建筑的围合程度。建筑的布局方式有以下几种：

（1）直线型

这类型空间相对而言呈长条、狭窄状，在一端或两端有开口，如图5-33所示。在拐角处无弯曲状，一个人站在这类空间中，能毫不费力地看到空间的终端。因此，在这类空间两侧不适合布置任何有趣的标志牌或景观元素试图吸引注意力，因为这些物体会与空间产生抗争。这类空间适合用于沿街、滨水或滨江的商业步道。

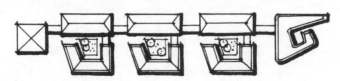

图5-33　直线型建筑布局

（2）院落型

将建筑通过90°组合，并沿四周围合起来，形成中心开敞空间，如图5-34所示。这类空间具有强烈的封闭感，行人不能通过简单的两个直线开口穿过空间，它能迫使行人停留在此空间中，感受设计师营造的安静、安全、安心的感觉。由于该类空间具有向心性，景观元素适合设置在庭院中心或者其中一个或几个角落。

图5-34 院落型建筑布局

（3）风车型

这种形态的空间由院落型演变而来，建筑也是沿四周围合起来，中间形成开放空间，但建筑的组合并非绝对的90°，中间的开放空间呈多边形或风车形状，这类空间也呈强烈的内聚性，但形态较为活泼，适合现代庭院空间组合，如图5-35所示。

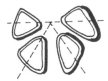

图5-35 风车型建筑布局

（4）自由型

自由型又称定向开放型空间，建筑围合时其中一面形成开放状，并且朝向空间中重要的景色。值得注意的是这类空间依然要保持一定的封闭感，因此，建筑要呈现一定的"环抱"状，同时还要使视线能触及外部的景色，如图5-36所示。

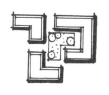

图5-36 自由型建筑布局

（5）组合线型

组合线型是由建筑所构成的另一种带状空间（图5-37），与直线型空间不同的是它并非从一端通向另一端的笔直空间，会出现拐弯，空间有大有小、有宽有窄，呈现一定的序列感，视线和焦点随人们的移动而变化，带来一定的神秘感，引导着人们不断去追寻。

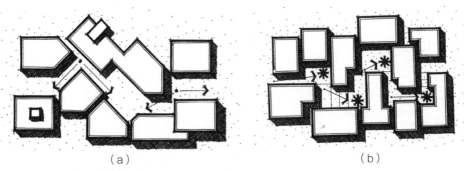

（a）　　　　　　　　　　　　　　　（b）

图5-37　组合线型建筑布局

建筑群的设计技巧如下：

（1）有序

建筑物井然有序才能使构成的各个空间有机联系，要得到井然有序的布局，最简单普通的方法便是使建筑物间呈90°，如图5-38和图5-39所示。

（2）呼应+进退

以上布局并非完美无缺，它会缺少空间的个性或引人注目的建筑物的相互联系。建筑之间考虑边线咬合、错位、垂直、对齐、重叠、进退、转折等，能保持空间的完整并且还能产生一定的次空间，使空间具有暗示的动向感，避免了单调乏味，如图5-40至图5-42所示。

图5-38　建筑呈90°布局井然有序

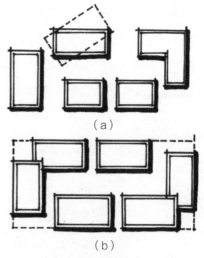

（a）

（b）

图5-39　使建筑外边界对齐

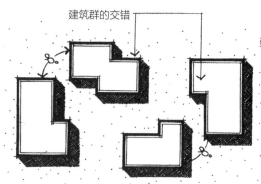

图5-40　建筑转折、进退与对齐

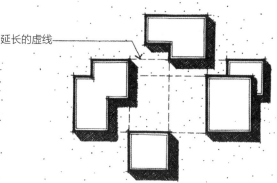

图5-41　使建筑内边界对齐

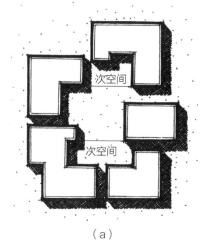

（a）

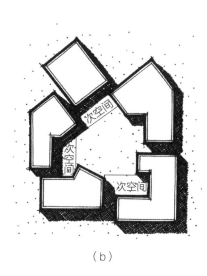

（b）

图5-42　建筑围合后产生次空间

（3）群组

为了消除正交组合的呆板，还可以选择建筑之间不呈90°夹角的排列方式（图5-43）。可以使用转角建筑，建筑与建筑之间进行重叠、垂直、平行、对齐等关系，使建筑之间有机组合，形成有序群组。它们形成的开敞空间具备更多活泼的有机形态。

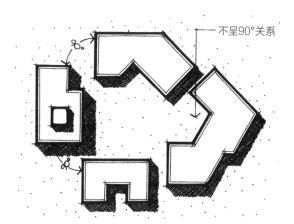

图5-43　建筑非90°转折与排列

步骤3：设计建筑的高度。

知识链接：

（1）视距与建筑高度

人的视距与周围建筑物高比小于1：1，该空间会因为太封闭而不舒服；人的视距与周围建筑物高能构成1：1，或者视角呈45°，该空间将达到全封闭状态（图5-44）；人的视距与周围建筑物高比为2：1，该空间处于半封闭状态，视平角为27°，能轻易看到建筑的顶部（图5-45）；人的视距与周围建筑物高比为3：1，该空间处于封闭感消失边缘，也就是说封闭感开始消失；人的视距与周围建筑物高比为4：1，该空间封闭感将完全消失（图5-46）；人的视距与周围建筑物高比为6：1以上，该空间能得到开敞感。因此，要想获得理想的观赏距离，视距与周围建筑物高比为1~3或6以上，如图5-47所示。

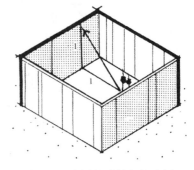

图5-44　形成封闭感的空间比例

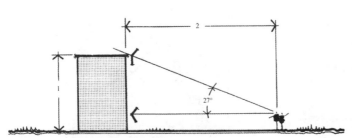

图5-45　形成半封闭感的空间比例

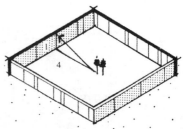

图5-46　封闭感消失的空间比例

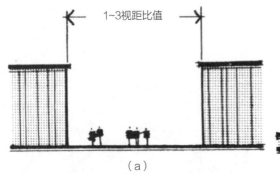

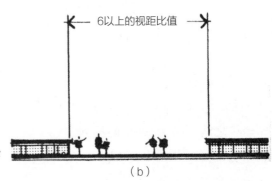

（a）　　　　　　　　　　　　（b）

图5-47　理想的观赏视距

（2）建筑群高度的主次关系

除了从平面考虑建筑，还需从高度和平面角度方面研究建筑物之间的相互关系。一个建筑群的高度分布存在很多可能性，但至少应做到在一组建筑中选取一个建筑作为支配元素设计，其他的建筑作为附属，烘托它。高建筑处于中间，其他建筑围绕它逐步降低；高建筑处于一端，则需在另外一端设计次高建筑，它们之间用低矮建筑连接，这样可以避免重心不稳（图5-48）。

提示：在小型的私家花园，建筑是否能满足视距与物高比值在1～3？设计单体建筑还是群体建筑？

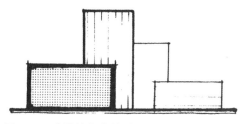

图5-48　建筑的主次关系

▨▨ 步骤4：调整建筑底层与地形的关系，设计建筑底层标高，画出建筑底层平面图与剖面图或立面图。

知识链接：

将建筑物与环境相结合时，地形是重要的考虑因素之一。建筑修建在相对平坦的地基上更容易、更经济，建筑物的布局也具有更大的可塑性，建筑物可以通过向外扩展，与场地紧密结合在一起（图5-49）。相对平坦的地形便于挖掘和堆积，使建筑物与其他相邻环境结合（图5-50）。无论空间还是土地，都能起到完善建筑结构的作用。

建筑物底层地基与地平面有两种连接：一种是建筑物底层高于周围地面15cm或以上，优点在于避免雨水快速进入室内，缺点是室内与室外的差异明显（图5-51）；另一种是建筑底层与外部平面在同一地平线上，优点在于建筑室内、室外具有较强连接感，利于进出轮椅，缺点是建筑容易进水。在我国，人们比较倾向于建筑底层高于地面的设计，为了进出无障碍，在建筑入口一侧设计坡道，这也是第三种方式。

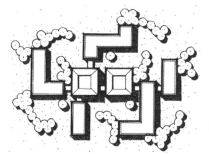

图5-49　建筑与环境融为一体

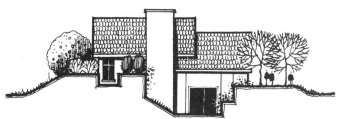

图5-50　通过改变地形使建筑与地形相结合

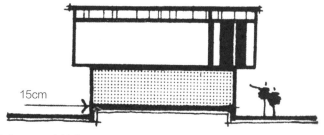

15cm

图5-51　建筑高于地面

　　建筑若处于斜坡上，则分缓坡与陡坡两种情况。建筑处在缓坡上有三种处理方式：一是在斜坡上进行挖方与填方，形成平地，将建筑建于平地上，建筑前后地形依然可见缓慢起伏；二是在斜坡上通过挖方和填方，形成平地，平地的边缘处筑挡土墙，形成梯级状，降低土地的起伏性；三是缓坡被改造成台阶式斜坡，建筑处在两个台阶之间，根据地形，地面使用不同的高程来适应地形变化，这么做的优势在于减少挖方和填方（图5-52）。

　　建筑处于陡坡上有两种处理方式（图5-53）：一是将陡坡进行挖方，形成阶梯状，踢面高差为一层建筑的高度，建筑紧邻踢面，建筑自身即形成挡土墙的功能。另一种处理方式，陡坡小范围进行平整，将建筑入口一侧置于平整土地上，另外一侧通过支柱结构架于斜坡上，减少对地表的破坏，同时使建筑引人注目。这种方法同样适合那些要么太陡要么太难平整的建筑工地（如林地）。

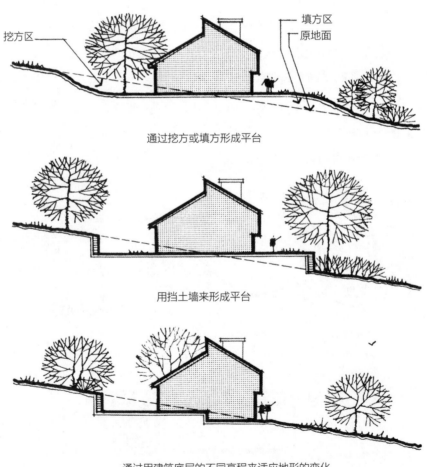

通过挖方或填方形成平台

用挡土墙来形成平台

通过用建筑底层的不同高程来适应地形的变化

图5-52　缓坡上建筑的三种处理方式

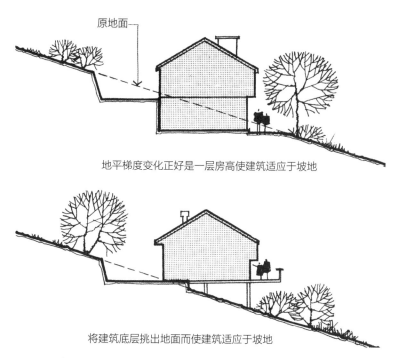

地平梯度变化正好是一层房高使建筑适应于坡地

将建筑底层挑出地面而使建筑适应于坡地

图5-53　建筑处于陡坡上有两种处理方式

处于坡地上的建筑，其平面布局也需要注意。为了使它与地形地貌相交融，建筑最好长而窄，并与等高线平行（图5-54），这样做既能表示出斜坡的方向性，又能最大限度地减少修剪建筑物所需的土地平整量。如果建筑物的长度较短，无法与等高线吻合，可以选择脊地的顶端或地形突出的点。在这些点，建筑物可设计成"U"形。

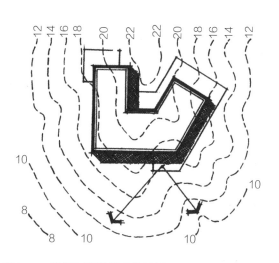

图5-54　建筑与地形等高线平行

步骤5：设计建筑与植物的关系，调整建筑形态。

知识链接：

在建筑环境中最重要的一个影响因素便是植物。植物与建筑相互配合方面存在两种情形：一是建筑物适应原有植物的生长，也就是说，在尽可能不砍伐树木的前提下，建筑的建造尽可能绕开植物，留出植物生长的空间，并将植物纳入建筑当中，相得益彰。同时，在树木较多的建筑条件下，建筑尽可能架空于土地之上，建筑基础少动土，建筑的造型高且窄，占地面积尽可能少。

当建筑被建造在宽阔的地面上时，应考虑利用植物营造建筑环境，建筑形态尽可能低扁，建筑体块多分割穿插交错，预留出更多的空间，使植物能环绕建筑或穿插于建筑中，使建筑与环境相协调，如图5-55所示。

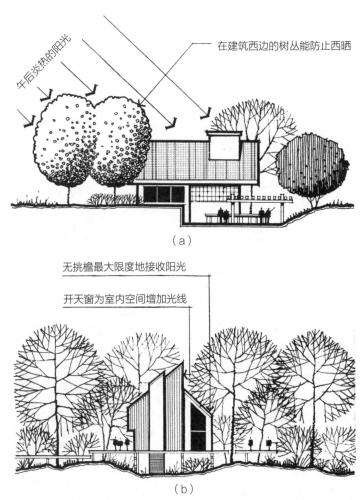

图5-55　建筑与植物的关系

❓ **思考与讨论**

新中式庭院为何风靡全球？

近年来，我国大量高端房地产楼盘都以新中式景观打造，如图5-56所示，"新中式景观"成为高端生活的代名词，受到追捧，甚至风靡全球，对此你有什么看法？

阅读资料：建筑，作为一种文化载体，是伴随人类的成长、文化的发展而发展的。而庭院作为中国传统建筑文化精华的代表之一，它同样代表了文化与传承，代表着中国人对于生活空间的感情寄托和情感记忆。早在商周，中国就已经有了院落文化，至明清达到顶峰。面积大的包围建筑的称为园林，面积小的被建筑包围的称为庭院。中国传统庭院是自然胜景与匠人之心的完美结合，含蓄蕴藉的诗画情趣中更蕴藏了丰富的世界，表达中国人不事张扬的淡泊心境和与世无争的高雅与纯粹。伴随着民族文化的自信与国力增强，如今的中国文化已然风靡全球，具有东方之美的古典园林受到越来越多的肯定和追捧。

（a）　　　　　　　　　　　　　　（b）

（c）

图5-56　新中式庭院景观

注：图片来自棕榈园林股份有限公司。

园林构筑物设计

📋 任务描述

园林元素包括园林建筑、构筑物、水体、铺装、植物等。本任务探讨第二种园林要素——构筑物，包括台阶、坡道、景墙、栅栏、座椅等，主要探讨以上元素在园林空间中的功能、布局、设计、材料应用以及如何用手绘三视图进行表达。

📝 学习目标

①了解园林构筑物的含义、包含的元素及功能。

②掌握园林构筑物的设计要点。

③了解构筑物常用的材料。

④掌握三视图的画法。

⑤能根据场地要求设计合适的园林构筑物，并绘制三视图。

▤ 任务书

请根据上阶段做好的庭院平面图以及空间特点，寻找合适的位置设计台阶、景墙、栅栏、座椅等，并画出其节点平面图、剖面图或立面图。

6.1 知识储备

台阶、坡道、墙与栅栏、坐凳的含义、优缺点及功能。

园林构筑物是指景观中具有三维空间的构筑要素，这些构筑要素能在园林空间中承担特殊的功能。园林构筑物在室外环境中一般具有坚硬、稳定以及相对长久性。园林构筑物主要包括台阶、坡道、景墙、栅栏以及公共休息设施（还包括遮阳棚、种植棚、木平台、小型建筑物等，但本任务不予讨论）。

6.1.1 台阶

（1）含义

在园林空间中，游人需要以一种安全有效的方式从一个平面高度上升到另一种平面高度，而台阶和坡道可以协助人们完成这种高度变化的运动。其中，台阶是由若干个平整或相对平整的长方体叠合而成的，能帮助人们在斜坡上保持稳定性。

（2）优缺点

台阶与坡道相比，其优点在于：①要抬升同一高度，台阶所占的水平距离小于坡道所需要的水平距离，尤其在狭窄拥挤的空间中，选择台阶更合适，因此，台阶的使用范围更广。②台阶可以用不同的材料建造，石头、砖块、植草、混凝土、木材、枕木，甚至碎石都可以作为台阶的材料，如图6-1至图6-5所示。

图6-1　木材台阶

（a）

（b）

图6-2　石材台阶

图6-3　植草台阶

图6-4　碎石台阶　　　　图6-5　混凝土块台阶

　　台阶具有优点的同时也具有缺点，有轮子的交通工具，如童车、自行车以及轮椅等，均不能在台阶上顺畅使用。除此之外，行动困难的老年人或残疾人也难以使用，每一级的高度对他们来说都是难以跨越的。因此，需要坡道来解决这个难题。

　　（3）功能

　　①连接不同高差区域：它能用连续上升的水平面，使人们从一个较低的高程与一个较高的高程中进行往返。

　　②分割空间：它能以暗示的方式分割出空间的界限，如图6-6所示。这种分割并非用有形的围合方式，而是暗示的方式。当行人穿行于景观中，台阶提醒游人他们正在离开一个空间进入另一个空间。

　　③美学功能：在室外环境中，台阶还有一定的美学功能（图6-7）：一是台阶可以在道路的尽头充当焦点物，引起人们的注意，走进下一个空间；二是它们能在外部空间构成醒目的地平线，形成稳定感。当它们以一定规律重复出现或以抽象的形状出现，能给空间带来特殊的视觉魅力。

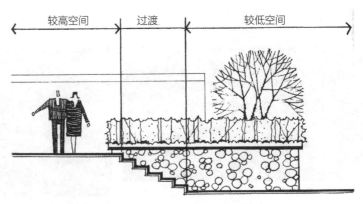

图6-6　台阶分割空间

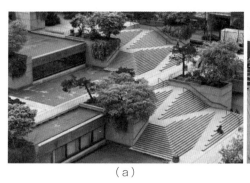

（a）　　　　　　　　　　（b）

图6-7　台阶的美学功能

（a）　　　　　　　　　　（b）

图6-8　台阶的休息功能

④非正式休息处：台阶还有一个潜在用途，就是作为非正式的休息处（图6-8），这个用途在休息场所有限、公共设施有限的多用途空间中尤为突出。台阶设置得当，还可成为露天看台。

6.1.2　坡道

（1）含义

坡道是行人在地面上进行高度转化的第二种方法。

（2）优缺点

坡道与台阶相比，它几乎容许各类行人自由穿行于景观中。在"无障碍"设计中，坡道是必备的元素。坡道还可以将一系列空间连接成整体，不会出现中断的痕迹，因此，在平面图中需要标注坡道的起止线与坡度，如图6-9所示，否则难以辨别坡道。

坡道的不足在于，为了取得舒适的坡度，它的水平距离往往比台阶长。在高差较大的区域，为了取得合适的坡度，斜面只好设置成蜿蜒曲折的形状，山路就是最好的例子。另一个不足之处，当地面湿滑时，坡面如果没有做防滑处理，行人随时有摔伤的危险。最后，坡道的斜面较长，如果处理不当，跟其他的景观元素不协调，会有强加上去的感觉。

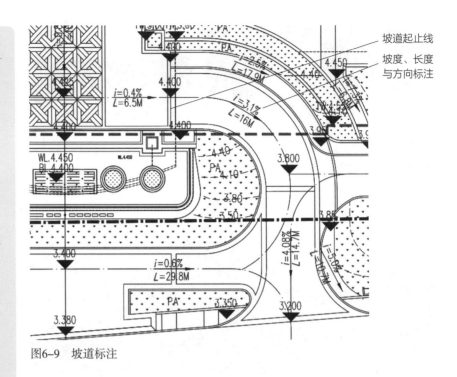

图6-9　坡道标注

6.1.3 墙与栅栏

（1）含义

墙与栅栏都是园林中坚硬的垂直面，并且有很多作用与视觉功能。

（2）功能

墙包括景墙与挡土墙，景墙可以独立存在，在园林中承担多种功能，挡土墙是在斜坡或土方的底部，抵挡泥土的崩散，如图6-10所示。栅栏比景墙要薄，与景墙的作用类似，如图6-11所示。下面从景观作用方面来分析墙与栅栏的功能。

图6-10　挡土墙与景墙　　图6-11　栅栏

①制约空间：由于墙与栅栏都是具有一定高度的垂直面，因而具有制约空间的作用，对空间的制约和封闭程度取决于它们的高度与通透性，如图6-12所示。墙体、栅栏与建筑元素类似，当视距与高度达到1∶1时，形成完全的封闭感。另外，在造型方面，越通透其封闭感越弱。

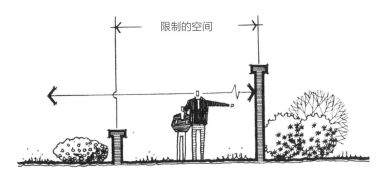

图6-12　景墙与视线

②屏障视线：墙与栅栏在制约空间的同时也对视线进行了遮挡。一般来说，高1.83m（高于人的视线）不通透的墙体屏蔽视线的效果最好，可用于停车场、道路边或一些视觉景观不理想的地方（图6-13）。有时墙体的建立并不是完全因为景色不佳而屏蔽视线，而是通过部分遮挡来引导人们向景物走去，观其全貌（图6-14）。另外，高大的垂直面也可以营造外部空间中的私密空间，人们可以在隐蔽处不被打扰（图6-15）。

图6-13　屏障视线的景墙

图6-14　引导视线的景墙

图6-15　形成私密空间的景墙

③分隔功能：与构成空间和屏障视线作用密切相关的另一作用是墙和栅栏能将相邻的空间彼此隔开（图6-16）。在设计中，可以将性质不同的空间用墙和栅栏分开，例如在人声嘈杂的广场与相邻的安静休息空间，可以用墙体或栅栏隔离开，互不干扰。但是这种隔开不是绝对的，从一个空间到另一个空间的转换中，墙体同时具有引导作用，实际上是"隔而不绝"。

④调节气候：在园林中，墙体和栅栏还可以削弱阳光和风带来的影响。墙体和栅栏设置在西面、西北面（图6-17），当太阳高度角比较低时，墙体遮挡了阳光投下了阴影，避免了西晒，如图6-18所

（a）　　　　　　　　　　　（b）

图6-16　景墙分隔空间

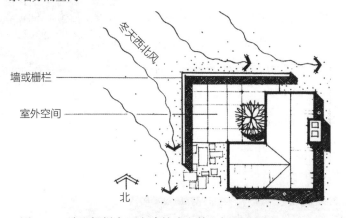

图6-17　墙和栅栏布置在建筑或室外空间西北面

图6-18　利用景墙与阴影造景

室外空间

墙或栅栏

夏季西南风

北

图6-19　墙或栅栏构成通风口

示。如需利用墙体和栅栏营造舒适的微气候环境，可结合环境因素设计墙体的方向、高度及通透程度，如图6-19所示。

⑤视觉焦点：在园林空间中，由于墙体具有一定高度，人的视线容易触及，因此，即使墙体最初设立时的目的不在于美化空间，设计师依然会将墙体进行设计美化，使人获得良好的视觉感受。有些墙体，设立的目的便是成为视觉焦点，那么它的形态会更加多变，材料使用更加讲究，更能突出空间主题，营造氛围，如图6-20所示。

（a）

（b）

（c）

（d）

图6-20　作为视觉焦点的景墙

⑥安全防御：小花园中，由于用地有限，围合的墙体对内有景观焦点的作用，对外有安全防御的作用（图6-21），因而在高度及封闭程度上都会让人产生一种边界明确、不可进入的感觉。相邻的两座私家庭院也可因墙而避免纠纷。

（a）　　　　　　　　　　　　（b）

图6-21　既是景墙也是围墙

6.1.4 座椅

（1）含义

座椅是专门供人们休息、等候、谈天、观赏、看书或用餐的设施。座椅、长凳、墙体、草坪或其他可供人休息就座的设施，是园林空间必需的要素。

（2）功能

在步移景异、步步有景的园林空间里，人们游览乐不思蜀，需要设置座椅以供人们歇脚及等候。除此之外，座椅有助于人们进行交谈，任何场所，只要有座椅，人们就可以坐下来聊天。座椅还可以为人们提供一个舒适干净的环境，进行看书、用餐。除了以上实用功能以外，它还可以充当环境中的视觉焦点（图6-22）。在满足"坐"的

（a）　　　　　　　　　　　　（b）

图6-22　充当视觉焦点的座椅

需求时，当座椅具有足够的创意，吸引人们的注意力，其便成为视觉焦点。

学习笔记

（3）分类

座椅从功能提升到美学层次的过程中，可大致分为以下三种：

①基本座椅：以满足人们休息为主要目的，由家具工厂统一批量生产的座椅（图6-23），称为基本座椅。这些座椅具有一定的设计感，但是由于批量生产，它们并不能体现场地的主题特色，不能成为空间的视觉焦点。这样的座椅在园林空间中被大量使用，其最大的优点是不仅可满足人的需要，同时可以节省成本。

②辅助座椅：一般指与其他景观设置结合在一起的座椅，通过材质、尺度的变化暗示人们可以休息，但从外观上来看，并非是座椅。这样的座椅，以另一种景观方式存在，减少空间中到处是椅子的情况。例如树池通过池壁的尺度变宽或者池边的变形，暗示人们可坐。与树池形态相同的体块延伸，也成为了座椅，但这些座椅本质的功能并不是为了"坐"，而是景观的美化。辅助座椅如图6-24所示。

③景观创意座椅：设计师为场地设计休息座椅时，首先满足座椅的功能，其尺寸完全符合人体所需，同时结合场地的主题要求，使

（a）

（b）

图6-23 批量生产的座椅

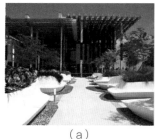
（a）

（b）

（c）

图6-24 辅助座椅

图6-25 创意座椅

座椅也成为场地的重要视觉焦点或景观元素，并且与其他的景观元素高度统一、协调，浑然一体，如图6-25所示。

6.2 技能储备

构筑物三视图的画法及细部表达。

6.2.1 台阶的画法

阶梯景观局部平面如图6-26所示，台阶局部平面及剖面如图6-27所示，台阶细部材料如图6-28所示。

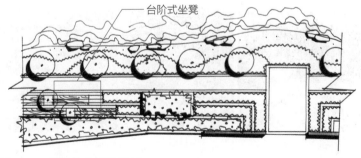

图6-26 阶梯景观局部平面

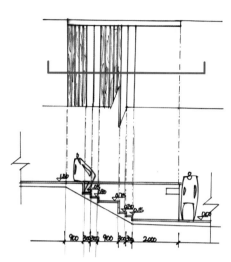

图6-27 台阶局部平面及剖面

钢筋混凝土基础
防腐木面板

素水泥抹平

钢筋混凝土基础
芝麻灰硅石材

图6-28 台阶细部材料

6.2.2 坡道的画法

坡道画法示意图如图6-29所示。

6.2.3 景墙的画法

叠水景墙示例如图6-30所示。

6.2.4 坐凳的画法

坐凳小品示例如图6-31所示。

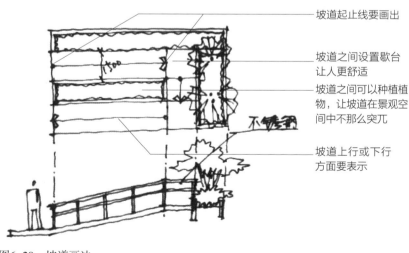

坡道起止线要画出

坡道之间设置歇台
让人更舒适

坡道之间可以种植植
物，让坡道在景观空
间中不那么突兀

坡道上行或下行
方面要表示

图6-29 坡道画法

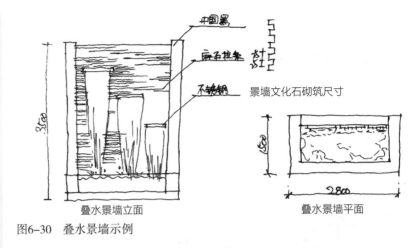

图6-30　叠水景墙示例

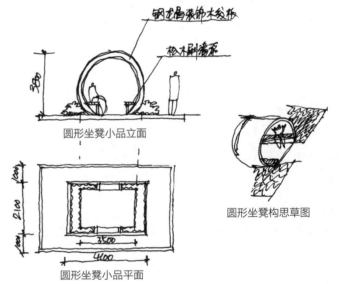

图6-31　坐凳小品示例

6.3 任务实施过程

在合适的位置设计台阶、景墙、滑梯（坡道）、廊架等景观构筑物，如图6-32所示。

6.3.1 台阶设计

步骤1：根据空间特性及地形条件，在合适的位置设计台阶，画出局部平面图，如图6-33所示。

知识链接：

在设计台阶的舒适性和安全性方面，踏面与踢面的比例关系是关键因素。在考虑踏面与踢面的比例大小时，要记住：第一，室外空间比较宽阔，容易使物体看起来较小，所以室外台阶应该比室内的台阶宽一些；第二，室外会有不同的气候环境，在室外行走比在

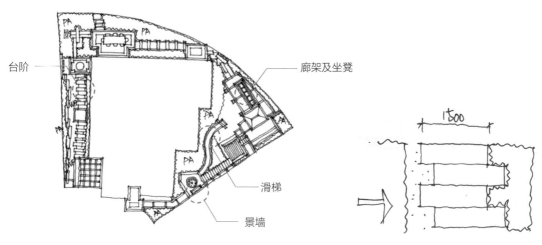

图6-32　设计景观构筑物　　　　　　　　　　　　　　　图6-33　台阶局部平面图

室内危险，因此，室外台阶应做得较为宽阔而且平缓。

（1）面

踏步位置应该设在与运动轨迹方向垂直的位置，如果不垂直，上下台阶将会不方便。同样，踏面的深度尺寸也要保持一致，尤其在使用受限的空间（图6-34）。如果在开敞的广场，为了营造特殊的艺术氛围，台阶的踏面宽度可以变化，因为广场可以给人悠闲、自由感。台阶的宽度取决于使用范围和预期的使用量，如果使用台阶的人多，台阶比较宽，双向台阶，宽度不得少于1500mm。在没有扶手的情况下，每上升1220mm需要设置一个休息平台，这是一个上限值。假设每级台阶的高度为100mm，在平面图中进行表达时，最多每12级台阶就需要设置一个较宽的休息平台（图6-35）。在有扶手、夹墙的情况下，最多不超过1830mm就要设置一个歇台。原因在于，超过这一极限不但危险、让人产生疲惫，还会从视觉上容易产生高耸巨大、让人畏惧的感觉。

图6-34　台阶踏面与踢面　　　　　　　　　　图6-35　台阶休息平台

（2）夹墙与扶手

人在台阶上行走过程中，为保证安全，还会在台阶两侧或者一侧设置夹墙或扶手。夹墙不仅使台阶看起来有镶边，而且还是台阶与斜坡之间的挡土墙，其厚度可以在120～200mm，如图6-36所示。在公共场所，对于宽大的台阶，还需要设置扶手，扶手之间的距离应该为6～9m，如图6-37所示。夹墙与扶手可以单独使用，也可以组合一起使用，其具体形式与尺度在下一步骤中说明，在平面图中只需要用长方形表示。

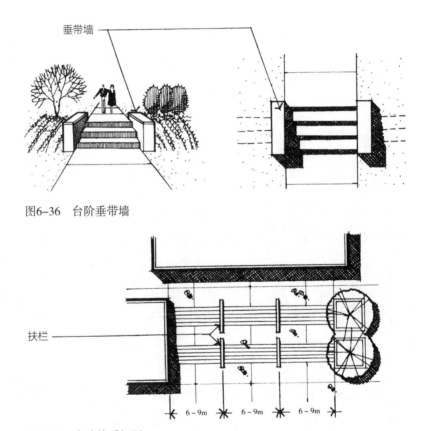

图6-36　台阶垂带墙

图6-37　台阶扶手间距

📝步骤2：设计台阶的立面，画出立面图，并标注尺寸与材料，如图6-38所示。

知识链接（台阶构造）：

台阶：

公式2R+T=660（100<R<165，T>280），R为踢面，不小于100mm，否则容易产生"左脚踩右脚"的感觉，容易被绊倒；R不大于165mm，否则老年人及步伐较小的人行走比

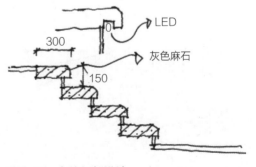

图6-38　台阶细部设计

较吃力。每一个踢面高度应尽可能保持一致，除非在地形条件不允许的悬崖峭壁上，此时则允许变化。如果每一级台阶的高度不一样，人们需要不断调整节奏，容易发生危险。

从步骤1可知在没有扶手的情况下，上升高度不超过1220mm便要设置歇台（图6-39），有扶手的情况下，也尽量不超过1830mm，两个平台设置的位置不同，也会影响台阶的韵律感（图6-40），这个韵律感没有绝对的好坏，需要去感受。

另外，在上升的底部使用阴影线，可以提醒行人注意。要形成阴影线只要将踢面向里推20mm，踏面宽度保持不变。这种阴影线可以强调台阶的形状，使每一级台阶清晰可见，避免踩空，提高安全性。阴影线的缩口不宜设计得太高或太深，否则它会使行人的脚被绊住或夹住。台阶的细部尺寸如图6-41所示。

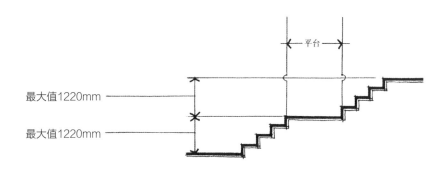

图6-39　两个平台之间台阶的最大高度

图6-40　休息平台之间台阶数量对韵律的影响　　图6-41　台阶的细部尺寸

夹墙与扶手：

夹墙大致有两种：一种为墙顶部始终保持在最高一级台阶之上（图6-42）；一种为墙顶随台阶的下降而下降（图6-43）。扶手可以使人在上台阶的过程中保持平衡，它可以安装在夹墙内侧，也可以安装在墙体上方。扶手也可以单独设置，不与夹墙相连。

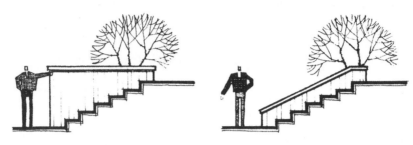

图6-42　垂带墙的顶部在同一高度　　　　图6-43　垂带墙的顶部随台阶坡度变化

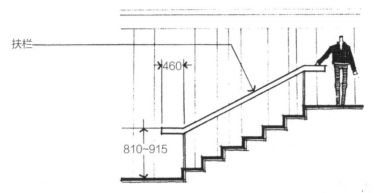

图6-44　台阶扶手的细部尺寸

为了行人抓握方便，扶手栏杆的高度为810～915mm，扶手还应在台阶的开始端与末端水平延伸460mm，这样可以使行人在继续保持平衡的状态下转换在平地上行走的姿势，如图6-44所示。

知识链接（台阶材料）：

　　建造楼梯的材料多种多样，可以用整块的石材，也可以用碎石、砖、防腐木、钢板，可以根据想营造的氛围选取材料，如果想营造自然生态的感觉，碎石、防腐木、粗糙的长石条都是不错的选择，可以形成不规则的形状，如图6-45所示。如果要营造现代简约的感觉，尽可能选择钢材、木材、切割整齐的石材，台阶的形态需严谨整齐，带有极强的人工感与精致感，如图6-46所示。在扶手材料方面，多

图6-45　自然感的台阶

图6-46　介于自然感与人工感之间的台阶

数选择防腐木、不锈钢，有时为了营造生态感觉还会用麻绳、混凝土仿植物树干造型。

6.3.2 坡道设计

▨▨步骤1：根据空间特性及地形条件，在合适的位置设计坡道，画出局部平面图，如图6-47所示。本项目没有坡道，则借助高差做了滑梯。

知识链接：

（1）斜度

斜度是表示坡度最为常用的方法，即两点的高程差与其路程的百分比，计算公式如下：坡度 =（高程差/路程）×100%，使用百分比表示时，即：$i=h/l \times 100\%$。用于行走的坡道，其倾斜度最大不能超过8.33%或比例不超过12∶1（L/H）（图6-48），为获得相同的垂直高度，台阶只需要1.5～1.83m，可以看到建造坡度需要较宽广的距离。当坡面超过9m时，可以设置平台，平台的最小长度应为1.5m，如图6-49所示。

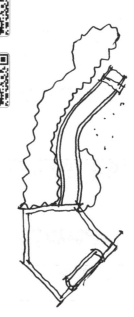

图6-47　滑梯平面图

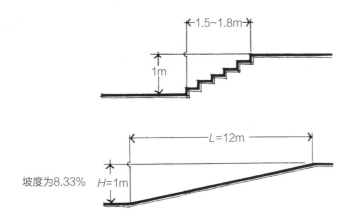

图6-48　坡道在水平方向的距离大于台阶

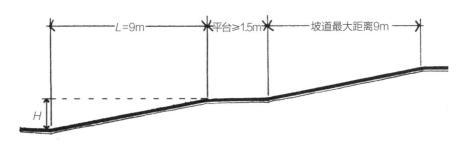

图6-49　坡道的最大长度

为了创造微地形，种植区往往以坡地的形式出现，所有2∶1的斜坡都可以种植地被植物，它是不受冲蚀的最大坡度；3∶1被称作为"安息角"，是大多数草坪和种植区所需要的最大坡度；4∶1坡度较缓，有较好的排水性，并且可以进行正常的草坪运用。

（2）宽度

坡道的宽度与台阶的宽度一致，根据单向或双向定出宽度，就双向而言，宽度不得少于1500mm。

（3）扶手

斜坡两边应有120～150mm高的道牙，栏杆的高度与台阶标准一样。坡道作为无障碍设施时，还需要考虑轮椅使用者的身高要求来设置扶手。

（4）布局

坡道要布置在主要的活动路线，与台阶相结合，形成统一的元素，避免后期临时加入，造成与其他元素格格不入的情况。

（5）坡道常用材料及特性

因为要考虑防滑的功能，坡道使用的材料不如台阶的多，一般使用混凝土或沥青混凝土（图6-50），不但价格便宜，施工还便利，粗糙的颗粒能起到很好的防滑效果。当用混凝土建造时，需做防滑线。有时也使用石材、砖材（图6-51），但需要做防滑处理。这两种材料在施工上较为麻烦，可塑性不如混凝土。

图6-50　沥青混凝土坡道

图6-51　石材坡道

▨▨ 步骤2：设计坡道的立面，画出剖面图或立面图，并标注尺寸、材料。本项目中滑梯正立面与侧立面图如图6-52所示。

6.3.3 墙与栅栏设计

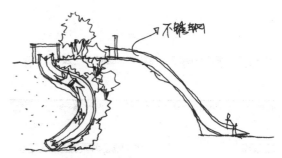

图6-52　滑梯正立面与侧立面

▨▨ 步骤1：根据空间特性，在合适的位置设计景墙或栅栏，画出局部平面图，如图6-53所示。

提示：根据墙体的功能，在空间选择合适的位置设计墙体，如需要对外部视线进行阻隔，

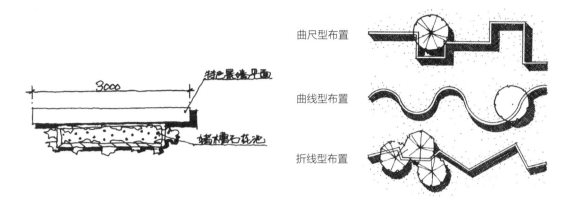

图6-53 景墙局部平面　　　　　　　　图6-54 墙体形式

保证场地内活动的私密性，则可以在外部视线来源的方向设计一处景墙。墙体的平面形式有多种，但不限于图6-54所示这几种，可以根据空间性质设计。这种形式多变的景墙，采用混凝土浇筑比较容易实现。

步骤2：设计景墙或栅栏的立面形态，并画出立面图，如图6-55所示。

知识链接：

墙和栅栏常规的设计分勒脚、墙体或栅栏体、墙头三部分（图6-56）。勒脚是墙体或栅栏体与地面的接触面，这部分结构一般比墙体或栅栏体宽，在视觉和功能上会更稳定、坚固。当设计场地特别重要时，则会出现这部分结构，如场地不重要或者追求简约的设计感，则可取消这部分结构。如墙体建造在坡地，为了有稳定的感觉，勒脚线最好保持水平状态。

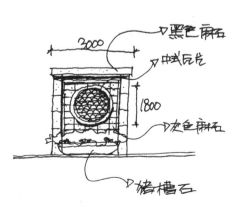

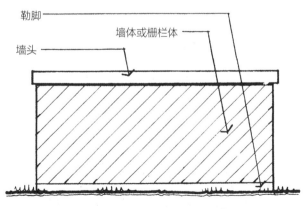

图6-55 景墙立面　　　　　　　　图6-56 墙体立面图

墙体或栅栏体需要根据空间性质、功能、美学特点进行设计，其形式、结构、图案及涉及的材料多种多样。但就其图案形式而言大体上有两种：一种是水平方向的，另一种是垂直方向的，如图6-57和图6-58所示。水平方向的图案可以突出水平地形，增强相邻建筑物中水平线的联系，与高大的乔木形成对比。垂直方向的图案可显得墙体更高，水平方向变短，与空间中的垂直元素更加统一。当园林空间水平方向较大时，墙体的垂直划分就十分有必要，它可使空间尺度更加宜人。

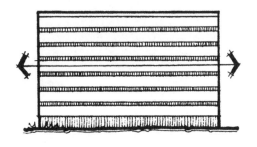

图6-57　水平方向图案

墙和栅栏的第三个组成部分是墙头。从使用性来说，墙头可以遮盖墙身，防止雨水从顶部顺着砌筑结构或纹路渗入墙内而破坏墙体，起保护墙体作用。从美观性来说，墙头限定了墙体的范围，使墙体更加完整。墙头一般做得

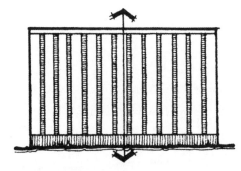

图6-58　垂直方向图案

比墙体宽厚，与勒脚线同宽，当阳光在墙上投下阴影，进一步突出了墙顶的线条和轮廓。

6.3.4　座椅设计

步骤1：找到一处能获得良好视觉感受、环境舒适的地方，设置座椅，座椅的平面布局要与空间的形式一致，如图6-59和图6-60所示。

提示：坐凳的理想场所是在树荫下或荫棚下，尤其是在冬短夏长的地区，有树荫的地方避免了长时间的太阳照射，能获得凉爽的微气候，如设置坐凳的地方能吹凉爽的夏季风，则

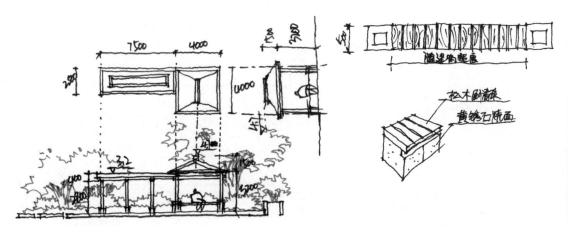

图6-59　廊架与坐凳　　　　　　　　　　图6-60　坐凳平面图与透视图

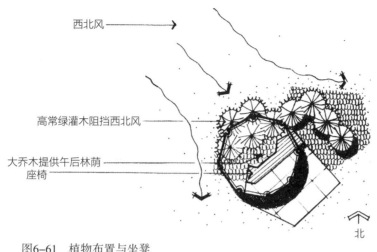

西北风 ——————→

高常绿灌木阻挡西北风 ————————

大乔木提供午后林荫 ————————
座椅 ——————

北

图6-61　植物布置与坐凳

可受到人们的追捧。同样，某些座椅还要考虑冬季的使用，要考虑避免西北风的侵袭，又能有温暖的阳光（图6-61）。在相对较大的园林空间，座椅的数量比较多，可以同时兼顾不同季节的需要。若是私家花园等较小的园林空间，主要考虑业主的活动习惯、使用户外设施习惯，考虑座椅到底要迎风纳凉还是接受温暖阳光。

　　除了考虑微气候因素，还要考虑人的心理问题，坐凳最好布置在场地角落或活动场所的边缘，人的视线能"掌控全局"可使人感到安心，如图6-62所示。如果坐凳背靠墙体、树木等，可让人觉得安全、踏实，如图6-63所示。

　　从美学的角度，座椅跟其他景观要素同样重要，都应遵循总体设计，形式上与空间形式相协调（图6-64和图6-65），避免日后使用中发现原先设计的座椅不合适而荒废，或者随意购买桌椅，则大煞风景。

图6-62　坐凳位于场地边缘

图6-63　坐凳背靠墙体给人安全感

图6-64　坐凳与空间形式勉强协调　　　　图6-65　坐凳与空间形式协调

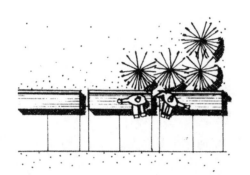

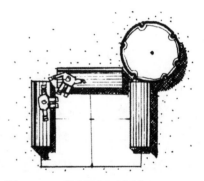

图6-66　长条形坐凳不利于交谈　　　　图6-67　U形坐凳便于交谈

从座椅本身的形态而言，有长条形、U形、S形、回字形。长条形是直线排开的形状，人就座时朝向一个方向，交谈时头部需要大幅度扭转，这种座椅不便于交谈，如图6-66所示。U形是指由90°转角或者类似90°所构成，人能形成90°的交谈角度或面对面交谈，这是一种便于交谈或小组讨论的座椅形式，如图6-67所示。S形坐凳一般跟随空间形式而成，凹处位于凸位，让人自然而然地形成交谈小组，凹位更容易进行小组交谈，凸位可以形成互不干扰的个人休息空间。回字形一般出现在树池中，以树为中心，人们背对着树，各坐于"回"字的一边，朝向各自的方向，这样的形式适合陌生人的个人活动，如图6-68所示。

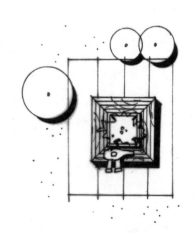

图6-68　回字形坐凳利于陌生人共同使用

步骤2：设计坐凳的立面形态，并画出立面图或剖面图，如图6-69所示。

图6-69 坐凳正立面与侧立面

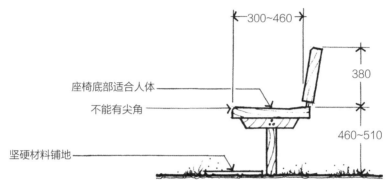

图6-70 坐凳细部尺寸

知识链接：

　　设计坐凳的关键处是尺寸要正确，这样才能使座椅舒适、实用。对于成年人来说，座位应高于地面460～510mm，宽度为300～460mm，如果加靠背，靠背应高于座面380mm，座面与靠背应呈微倾的曲线，与人体相吻合，如图6-70所示。如果需要扶手，应高于座面150～230mm。所有座椅的腿或支撑结构应比座椅边缘凹进去75～150mm。座椅下方应做铺装材料或砾石，防止坐凳下方被踩踏出现坑穴，也避免积水。

步骤3：在平面图与立面图中标注尺寸与材料。

知识链接：

　　园林中的坐凳可用多种材料建造。石材、砖、混凝土、钢材都可以用作座面材料，不过暴晒后会很烫，难以就座，冬天又冷冰冰，令人难以忍受，但是耐用、坚固。木材也是不错的选择，温暖、轻便，不论夏季还是冬季，人坐上去不会太难受，同时木材也给人一种温馨的感觉，但使用时间过久会面临腐烂的问题。因而目前一般都会将以上几种材料综合使用，获得不同的感受。另外，为了避免木材腐烂，还经常使用塑木，一种特殊塑料仿木材料。

？思考与讨论

设计也有"爱"。

本任务从舒适、安全、视觉感受等角度探讨了园林构筑物的细节尺度、细节构造等，设计是有温度的，设计是要体现人性关怀的。在生活节奏紧张的今天，不但人与人之间需要充满温情，也需要借物传达关怀，能举出身边充满"爱"的设计吗？

水体设计

☑ 任务描述

水不但为人类提供了生存的条件，还为人类陶冶了情操、提供了娱乐、美化了环境。

人们常说"无水不成景"，可以看出水对园林空间的重要性，它能起到让"园子活起来"的作用，所以水体设计是园林设计中重要的元素之一。本任务主要从水的美学功能方面探讨园林空间中水的形式、水的功能、水的设计以及水的表达，创造一个有水的园林空间。

☑ 学习目标

①了解水的特性及功能。
②了解水的形态、形式及功能。
③掌握不同形态水的画法。
④掌握两点透视的画法。
⑤能为小庭院设计合适的水景。

☑ 任务书

请根据上阶段做好的庭院平面图，根据空间特点，寻找合适的位置设计水景。

要求：

①水景在花园中所承担的功能合理。

②水景的选址合理。

③水景的形式合理，符合空间的意境并具有一定的创意。

7.1 知识储备

中国园林素有"有山皆是园，无水不成景"之说，由此可见水在景观中的重要性。水景来自大自然中川流不息的水，其设计的目的在于表现不同姿态的水景，比如垂落、喷涌、静态和流变的水景。由于水景具有灵活以及巧于因借等特点，已经成为园林景观构成中不可或缺的重要部分。好的水景设计是一道亮丽的风景线，因此，水景在园林景观设计中具有比较重要的地位。

7.1.1 水的特性

（1）可塑性

水的可塑性与容器有关，水本没有固定的形态，水的形态是由容器的形状所决定的，因此要设计水体，实际上是设计水的容器。水的可塑性与重力有关，水是高塑性的液体，其外貌和形状受到重力的影响，高处的水会流向低处，形成动水，处于低处的水静止的状态也是因为重力的作用，使其保持平衡稳定。水的可塑性与温度有关，当气温降低到0°以下，水就会结冰，结冰后的水比液态的水颜色明亮，并产生独特纹路。水的可塑性与风有关，在强风的吹袭之下会泛起层层白浪。水的可塑性与光有关，水能像玻璃一样具有折射性，当水在流动时，光影闪烁。

（2）有声性

水的另一特性是当其流动或撞击实体时会发出声响。可以依照水的这一特点，创造出多种多样的音响效果，渲染室外环境气氛，进而影响人的情绪。瀑布的轰鸣声能让人冲动、激昂，海边的浪涛声能让人安详、平静，泉水的叮咚声能让人愉悦、轻快，"万箭齐发"的喷泉声能让人豪迈、奋发（图7-1），涓涓细流的水声能让人归于寂静（图7-2）。水的不同声音，与园林中的虫鸣鸟叫、人声鼎沸，交织出不同的乐章，使园林"活"了起来。

图7-1　"万箭齐发"的水声　　　　　　图7-2　涓涓细流的水声

（3）映射性

当水处于深色容器中并且保持静态的时候，能毫不夸张地、形象地映射出周围的环境，出现如真似幻的景象，同时扩大了园林空间，如图7-3所示。利用这一特性，可以在空

图7-3　平静水面映射周边环境

间较小的花园中设置静态水景，以扩大空间。

7.1.2　水的功能

在室外空间设计中，水有很多用途，从使用性质上来分，可以分为实用功能和观赏功能。

（1）实用功能

①水的消耗：任何公园、营地都涉及人与动物对水的消耗，虽然这样的功能跟我们做水体设计没有直接关系，但是却需要考虑水源、水的运输方式，它是设计决策的关键。

②灌溉：任何园林空间都涉及植物的种植，没有水的灌溉，植物就无法生长。植物灌溉的方式有三种：喷灌、渠灌、滴灌，渠灌需要有一定的坡度满足自流，其他两种方式都需要预埋管道。滴灌是最有效且节约水的灌溉方法。

③调节微气候：大面积的水域能影响其周围的温度和空气湿度。夏天，掠过水面的热风能被降低温度。冬天，水面的热风能保持附近地区的温暖。较少的水面也具备同样的效果。不论池塘、河流，还是喷泉，水的蒸发能降低周围空气的温度，为人们带来凉意。微风

拂过水面，吹到人们活动场所，不仅降低温度，还带来一定的湿度，加强了冷却效果。广东省很多的广府村落，都在祠堂的门前设置水塘，其中的一个原因就是夏季风吹过水面，将潮湿的空气输送到各个巷子里，使村落降温，如图7-4所示。

（a）　　　　　　　　　　　　（b）

图7-4　南社古村的风水塘

④控制噪声：可以利用瀑布或流水的声响来减少噪声的干扰，尤其是城市中汽车、人群等的嘈杂声，营造相对宁静的气氛，如图7-5所示。

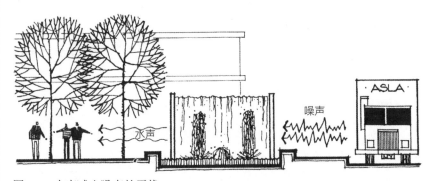

图7-5　水声减少噪声的干扰

⑤提供娱乐：水是游泳、垂钓、划船等活动的必要条件（图7-6），设计师需要对水塘、河流、湖泊、海洋及私家花园房前屋后的水池等充分利用，设计不同的水上活动及配套的设施，同时也要巧妙保护水源。

图7-6　水可以提供娱乐

（2）观赏功能

水除了以上使用功能外，还有许多美化环境的作用。由于水的性质多变，有许多视觉上的用途，以下就水的动态与静态分别讨论其视觉美感。

①静态水：平静的水体包括规则的水池和自然式的湖泊、水塘。

规则的水池是人造蓄水容器，池边属于几何形，但不限于规则几何形，可以根据所在场所及周边条件确定形状，有可能出现不规则几何形，但是其边缘挺括分明，一看便知是人造的（图7-7）。自然式水塘是第二种平静水体，它可以是人造的，也可以是自然形成的，其边缘形态通常由自然曲线构成，与规则式水池相比，其比较自然（图7-8）。

图7-7　规则静态水

图7-8　自然静态水

平静水体有以下作用：平静的水体水平如镜，可以映照出天空或地面物体，为观赏者提供了一个新的透视点；平静的水体在室外空间能作为其他景物和视点的自然前景和背景（图7-9）；平静的水体可以使室外空间产生轻松、恬静的感觉；平静的水体，尤其是自然的大面积水体，可以将不同区域的景观联系和统一在一起；平静的自然水塘通过形态的改变，可以将景观逐渐展开，从隐蔽到开阔，产生神秘感和迷离感（图7-10）。

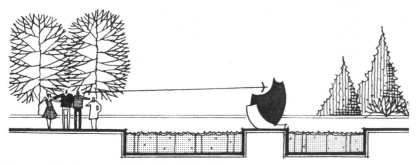

图7-9　平静水面可以为焦点提供前景和背景

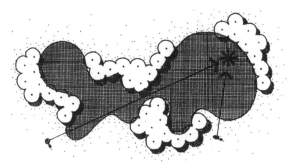

图7-10 曲折的水塘使景物逐步展开

②动态水：动态水是被限制在有高差的空间由于重力作用而产生的自流的水，例如溪流、瀑布等；又或者指利用压力使水自喷嘴喷向空中的喷泉。动态水包含的形态有：跌水、流水、喷水。水体因为重力下跌，高程突变，形成各种各样的瀑布、水帘等称为落水。落水有：瀑布（图7-11）、叠水（图7-12）、溢流与泄流（图7-13）、管流（图7-14）、滚槛（图7-15）等。

图7-11 瀑布　　　　　　　　　图7-12 叠水

图7-13 溢流与泄流　图7-14 管流　　　　　　图7-15 滚槛

瀑布按落水方式分有：自由落瀑布（图7-16）、跌落瀑布（图7-17）、滑落瀑布（图7-18）。按水的立面形式分有：线状、点状、帘状、片状、散落状等。

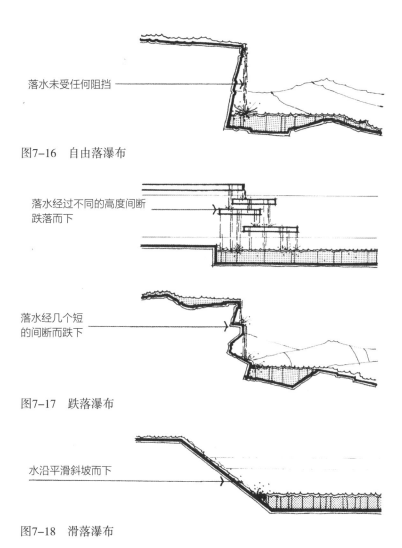

落水未受任何阻挡 ——

图7-16 自由落瀑布

落水经过不同的高度间断
跌落而下 ——

图7-17 跌落瀑布

落水经几个短
的间断而跌下 ——

水沿平滑斜坡而下 ——

图7-18 滑落瀑布

　　水体因重力而流动，形成各种各样的溪流、旋涡等称为流水。有狭长、带状、曲折流动、水面宽窄变化的小溪（图7-19），也有水面更宽的河流（图7-20）。

　　（a）　　　　　　（b）　　　　　　　　（c）

图7-19 不同形式的流水

水体因压力向上喷出形成各种各样的喷水。喷水有喷头藏于水下的喷泉（图7-21）、涌泉（图7-22），还有喷头藏于地下的旱喷（图7-23）。

图7-20　水面更宽的河流

动水的功能如下：能明显改善周边环境的微气候，尤其是从高处跌落的水与喷起较高的水，水花飞溅，通过风飘散在空气中，增加空气湿度的同时还降低了空气的温度，给人带来凉意（图7-24和图7-25）。能美化环境，动水的形态各异并且特别，在外部环境中由于它的动态能发出声响，引起人们的关注，因而在空间往往充当焦点的作用，提高环境的观赏价值（图7-26）。能提供娱乐，营造活跃的气氛，动态的水只要能给人带来安全的感觉，人们都具有亲近或者触碰的欲望，尤其是旱喷，人们除了观赏它，更希望能靠近它戏水，有动水的地方往往能吸引较多的游人驻足，给环境带来热闹的气氛（图7-27）。与静水

图7-21　喷泉

图7-22　涌泉

图7-23　旱喷

一样，它能统一和联系不同的景观节点。在园林空间比较大的情况下，通过活动的流水，如人工溪流，将大部分的景点联系在一起，人们通过沿溪探寻或者泛舟游玩，可以观赏一系列景观（图7-28）。

图7-24 与人产生互
动的喷泉

图7-25 借助水景乘凉

图7-26 充当焦点的水景

图7-27 营造空间气
氛的水景

图7-28 水把不同景观节点连接起来

7.2 技能储备

静水的画法；动水的画法；两点透视的水景画法。

7.2.1 静水的画法

静水的画法如图7-29所示。

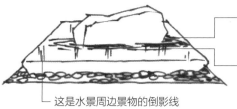

沿着景石下方
以线段组合成椭圆表示涟漪

景石下方绘制垂直不等长线段
并且线段成组，表示景石在水中倒影
的边界

这是水景周边景物的倒影线

图7-29 平静水画法

7.2.2 动水的画法

跌水画法如图7-30所示，喷泉画法如图7-31所示，溪流画法如
图7-32所示。

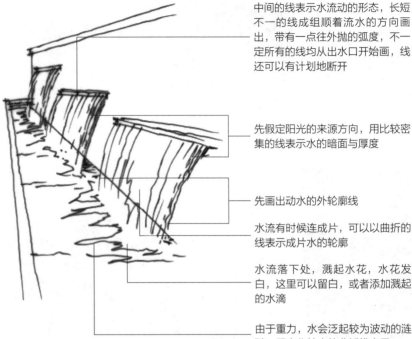

中间的线表示水流动的形态，长短不一的线成组顺着流水的方向画出，带有一点往外抛的弧度，不一定所有的线均从出水口开始画，线还可以有计划地断开

先假定阳光的来源方向，用比较密集的线表示水的暗面与厚度

先画出动水的外轮廓线

水流有时候连成片，可以以曲折的线表示成片水的轮廓

水流落下处，溅起水花，水花发白，这里可以留白，或者添加溅起的水滴

由于重力，水会泛起较为波动的涟漪，用变化较大的曲折线表示

图7-30 跌水画法

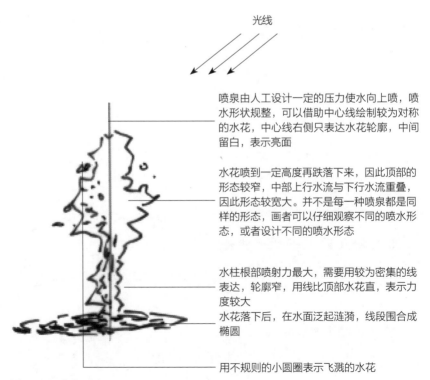

光线

喷泉由人工设计一定的压力使水向上喷，喷水形状规整，可以借助中心线绘制较为对称的水花，中心线右侧只表达水花轮廓，中间留白，表示亮面

水花喷到一定高度再跌落下来，因此顶部的形态较窄，中部上行水流与下行水流重叠，因此形态较宽大。并不是每一种喷泉都是同样的形态，画者可以仔细观察不同的喷水形态，或者设计不同的喷水形态

水柱根部喷射力最大，需要用较为密集的线表达，轮廓窄，用线比顶部水花直，表示力度较大

水花落下后，在水面泛起涟漪，线段围合成椭圆

用不规则的小圆圈表示飞溅的水花

图7-31 喷泉画法

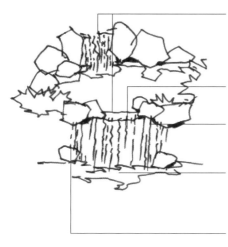

水跌落的位置有明显的开始线，可以用连续的轻微抖动直线或间断的抖动直线表示，这里的直线需要抖动，因为落水口是自然的河床，带有砂石

表示水流的线也要成组出现，长短不一，起点与结束点也不一

石缝中也会有流水，用轻微抖动的直线垂直表达

泛起的涟漪，可以用自由的曲线表示，泛起的涟漪一圈圈向外扩散，间距也逐步扩大

其轮廓线不如人工水流那么明确，水从石缝处见缝插针流出，并且溪流具有一定宽度，边缘的水流速度受到阻碍，因此用断断续续的线段表示

图7-32　溪流画法

7.2.3　两点透视的水景画法

两点透视的水景画法如图7-33所示。

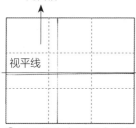

①视平线定在画面中间位置，在视平线上定垂直线（为亭子角点的柱子延长线），垂直线作用为视觉焦点提醒。视觉焦点一般处于九宫格中心格子周围。

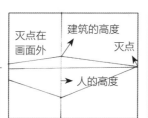

②在垂直线上定出人的高度以及建筑的比例关系，两个灭点同一高度，必须在视平线上。

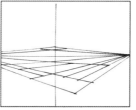

③画出建筑顶部及柱子作为定位，将平面图挪到透视图中，相互垂直的线均朝两边的灭点延伸。

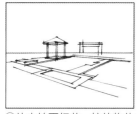

④补充地面细节，拉伸物体高度。符合透视方向的物体高度也朝灭点方向降低。一点透视是近高远低，两点透视是中间高两边低。

⑤画出配景。由于不同植物的品种有高低之分，因此植物高度可以按照空间需要进行布置，无须严格按照中间高两边低的透视要求绘制。

⑥假设光源方向，补充投影，增加细节，整体调整。

图7-33　以水景为焦点的两点透视画法步骤

7.3 任务实施过程

▨▨ 步骤1：思考水景在庭院中的位置。

提示：将庭院中可以做水景的所有位置标出来，分别思考这些位置的水景分别承担了什么功能？作为灌溉水，如水体在花园中承担灌溉的作用，可考虑水池设计在屋檐下方，通过管道将雨水收集，让雨水池不但有收集雨水进行浇灌的作用，还要进行精心设计，让它同时具备美化环境的功能（图7-34）。作为视觉焦点，水体作为焦点时需位于重要的视线范围内（图7-35）。作为娱乐，花园中的水体承担娱乐功能时与广场上的水体不一样，一般不以喷泉的形式存在，大多数以鱼池的形式存在，用于养鱼、赏鱼、戏鱼（图7-36）。作为其他景物的映射，需要将水景设立在重要景物的前方（图7-37）。

图7-34 雨水池

图7-35 作为焦点的水池

图7-36 作为娱乐的水池

图7-37 作为其他景物映射的水池

▨▨ 步骤2：思考水景的组合。

提示：所有可以做水景的地方都标注出来后，思考这些水景能否组合在一起？是否可以通过大面积的水面或流动的小溪组织在一起？这一步十分重要，分离开的水景，每一处都需要单独用一套设备，哪怕是一个小小的带管流的小水盆，都要设计给水管、排水管、溢水管以及水泵等，因而当花园有多处水景的时候，尽可能组合成一体，减少设备数量，降低造价。

步骤3：确定水的形态。

提示：水的形态是以静态存在还是动态存在？还是动静结合？

步骤4：确定水的平面形状。

提示：绘制水体的平面图，一般空间形式为规则的几何形，水的平面形状与空间形式相协调，设计成规则的几何形（图7-38），遵循美学法则即可。几何空间可与自然形状的水体结合，但要注意自然形状水体与几何空间的穿插与连接（图7-39），两者之间避免相互独立。一般来说，自然式空间适合设计自然式水体（图7-40）。在曲线自然式水体设计中，除了要注意平面上曲折流畅、竖向上高低起伏，还要注意水流的方向动势。水流冲刷的地方将会被变宽放大，所以在河流、小溪等线状自然水体的设计中，应注意这种波浪状忽宽忽窄的形态变化。这种形态变化往往与自然力学存在明显的逻辑关系。

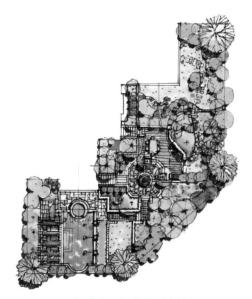

图7-38　几何形水面与整体形式协调

自然式空间中，水景可以以点状形式出现，也可以以几何形式出现，但面积不宜太大，也需要考虑两者紧密结合，避免相互独立。

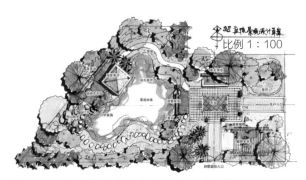

图7-39　几何形式空间与自然形式水面相结合

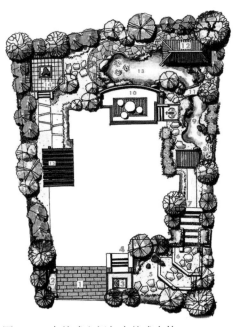

图7-40　自然式空间与自然式水体

步骤5：设计水体的具体形式，绘制局部平面图、剖面图或立面图，标注高差及水池
铺装材料。

知识链接：

（1）镜面水池

镜面水池一般用于对环境的映射，为观赏者提供一个新的透视点，同时拓宽空间。
许多因素可以增强水的映射效果。首先，从赏景点与景物的位置来考虑水池的大小和位
置。水体要映射景物，需要将水体设置在景物之前。水池的长度越长，能映射岸边的景物
越多；水池的进深越深，则映射物体的高度越完整。具体能映射多少面积，可以运用剖面
的入射角等于反射角的原则来估算或运用透视法则来估算，如图7-41和图7-42所示。

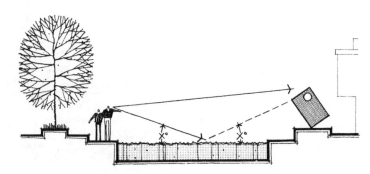

图7-41　镜面水池的映射原理

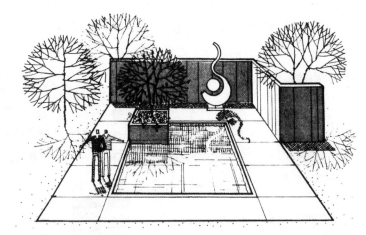

图7-42　镜面水池的映射效果

另外考虑因素是水池的深度和水池饰面颜色。要使水的颜色深，可以增加水的深
度（图7-43），水池的饰面材料选择光滑的深颜色（图7-44）。为了节约用水，很多水池
选择用黑色砖进行饰面，哪怕很浅的水面也会产生较深的错觉，配合独具匠心的雕塑，往
往能让人因意想不到的创意而发出感叹（图7-45）。

　　如果水池比较浅，对映照的质量要求不高，可在水池底铺设特殊纹理的材质，增加水的趣味性（图7-46）。

图7-43　水池的深度影响水面亮度

图7-44　黑色砖进行饰面

图7-45　雕塑与深色水面

图7-46　特殊纹理材料水池饰面

　　最后还要考虑的因素是水池的水平面高度。要使反射率达到最高，水池内的水平面要高一点，尽可能与水池边缘持平。还要尽可能让水池边缘形状简单，避免从视觉上破坏水面倒影。水质的清澈度也会影响水的映射度，不能有漂浮物，因而用于映射景物的水池边上尽可能不栽种落叶植物。

　　（2）流水

　　流水的特征取决于水的流量、河床的大小和坡度以及河地和驳岸的性质。要形成湍急的流水，首先要改变渠道底部，底部形成起伏的波浪形状，使流动的水随渠底的起伏形成翻滚的波浪（图7-47）。然后增加障碍物，障碍物阻碍了水流，也会形成湍流和波浪（图7-48）。渠道的宽窄也影响着水的流速，相同流量的水在宽的渠道中比在窄的渠道中流得缓慢、平稳（图7-49）。

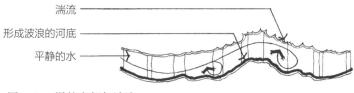

图7-47　渠的底部与波浪

河道边的宽窄形成波浪 ————

图7-48　水面宽度变化形成湍流和波浪

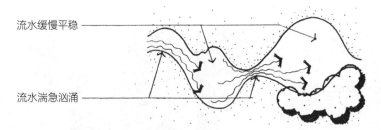

流水缓慢平稳 ————

流水湍急汹涌 ————

图7-49　渠道宽度变化形成湍流和波浪

（3）瀑布

瀑布的特性取决于水的流量、流速、高差以及瀑布口的情况。各种不同情况的组合，能产生不同的视觉效果和声响。水的流量、流速是由工程师计算而决定的，高差及瀑布口的情况是由设计师所设计的。完全平滑的边沿，瀑布就宛如一匹平滑无皱的透明薄纱，垂落而下（图7-50）。边沿粗糙，水会集中于某些凹点上，使得瀑布产生皱褶，形成线状（图7-51）。当边沿变得非常粗糙而无规律时，阻碍了水流的连续，便产生了水花，瀑布便呈白色（图7-52）。

图7-50　平滑的出水口

图7-51　汇于一根线上的出水口

图7-52　粗糙的出水口

另外，瀑布落下时所接触的表面也会影响形态和声响。当瀑布落下撞击在尖硬的岩石或混凝土上时，水花四溅，声响剧烈；当瀑布落在水中时，水花要小很多，声音也小（图7-53）。

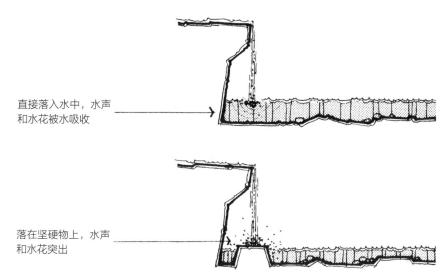

直接落入水中，水声
和水花被水吸收

落在坚硬物上，水声
和水花突出

图7-53 水落下的接触面不同产生效果也不同

（4）水深规范

幼儿戏水池深度0.3~0.4m，儿童游泳池深度应为0.6m，两者结合在一起时应用栏杆隔开。可修建成各种自由形状，池边缘要倒角呈圆弧状，不应有棱角或其他突出物，以保证儿童嬉戏安全。儿童滑梯水池水深不大于0.6m。

成人戏水池深度应为1m，成人滑梯水池水深为0.8~0.9m。

游泳池平面形状应采用矩形：池宽按2.0~2.2m的倍数设计，池长应采用25m或50m；水池中应分设浅水区（水深为1~1.4m）和深水区（水深大于1.4m），分界处应有明显的标志。

步骤6：以水景为构图焦点，绘制两点透视图，检查空间层次，并进行调整，如图7-54所示。

图7-54 关于水景的两点透视图

提示：当空间的形态为狭长形且高差较为复杂时，两点透视并不适合表达其空间关系，可选择一点透视表达，如图7-55所示。其原因如下：人们在狭长的空间中游览，其真实的视觉感受与一点透视吻合，一点透视只有一个灭点，更适合表达纵深感。两点透视有两个灭点，且是横向展开的，更适合表达空间的开阔性。因此，在使用透视图进行推敲或表达空间时，要根据空间的形态选择合适的透视方法。

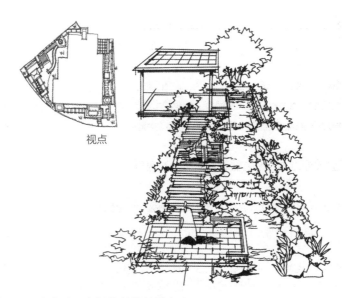

视点

图7-55　有高差且空间狭长的效果表达

你不能不知道的事：中式庭院中的"四水归堂"

传统民居天井是由四周坡屋面的屋顶围合成一个开放式空间，形成一个漏斗形井口，汇四水归堂（塘），下底设池塘、留沟防、变路径、安石埠，立基划界、以滴水为界的天然之井，故也取名"天井"。在明清期间，天井作为中国传统民居建筑的形式被广泛应用，早期的徽州和江西的民居都深受其影响，可以说是有堂皆井。

天井式建筑是南方地区最为普遍的传统建筑形式，是建筑组群内部采光系统的构成主体，是南方传统民居建筑中排水、通风的组织核心所在，也是我国南方传统建筑形象的重要构成元素，古徽州的天井被称作"明堂"，也有着"四水归明堂"之说（图7-56）。

天井变化多端，式样丰富。从开口形状看，有方形的，有矩形的，有圆形的，布口方位宽窄不一，在正堂和门厅之间便形成一种过渡的闲逸空间。而这精心构建的方寸天地，也给人一种"别有洞天"的奇妙感觉。在历经数千年洗礼之后，天井无论在空间形式上，还是在建筑中采光、遮阳、通风、排水等功能上，都对现代文化建筑的空间设计产生了启迪作用。

　　天井所营造的空间拉近了人与自然的距离，展现了开合有序的空间变化，冲淡了建筑内外部的界限，使建筑和城市融合成为一个整体。

　　随着时代的发展，四水归堂的中式院落有了很多新的空间表现形式，不再单一，它在满足现代建筑的功能上融入传统文化，用现代化的设计手法表现传统建筑四水归堂之美，延续被遗忘的传统（图7-57）。

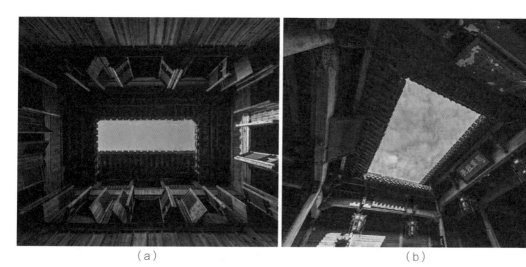

（a）　　　　　　　　　　　　　　　　　　（b）

图7-56　安徽歙县呈坎村天井

（a）　　　　　　　　　　　　　　　　　　（b）

图7-57　安吉悦榕庄天井

铺装设计

☑ 任务描述

　　园林铺装是园林空间占地面积最大的硬质元素，在园林空间承担着重要的作用。本任务学习铺装的含义、铺装的6大功能、铺装的4种表现形式以及铺装的常见材料。在技能方面，掌握为私家庭院进行铺装功能的划分、铺装图案的设计、铺装材料的选择、铺装颜色与质感的控制，并能绘制平面图；掌握鸟瞰图的画法，运用鸟瞰图表达铺装与其他园林要素的关系。

📝 学习目标

　　①了解园林空间铺装的含义、功能、表现要素。
　　②了解铺装常用的材料与特点。
　　③掌握铺装的基本铺法与演变铺法，能为庭院进行铺装设计。
　　④掌握空间的鸟瞰图画法，并能为庭院绘制鸟瞰图。

▤ 任务书

　　在上一阶段完成的庭院平面图基础上，进行铺装设计，并使用平面图及鸟瞰图进行表达与推敲。

要求：

①铺装设计符合庭院各个功能区的功能。

②铺装的图案设计与庭院的风格、气氛相协调。

③铺装的质感与色彩要满足人的心理需求。

④能绘制完善的铺装平面图，清楚表达铺装的材料、色彩、质地、规格及组合方式。

⑤能在鸟瞰图中表达铺装与其他园林要素的关系。

8.1　知识储备

铺装的含义；铺装的功能；铺装的表现要素；铺装材料分类。

8.1.1　铺装的含义

铺装是指通过硬质材料对三维空间地面进行铺砌装饰，称为"二次轮廓线"，更强调底界面的空间划分。常见的铺装形态组合包含铺装色彩、质感、形式等要素，铺装设计所表现出的韵律、动感可以强化方案特征。

8.1.2　铺装的功能

园林铺装与其他园林元素一样，有着许多的实用功能与美学功能，园林铺装的作用通常与其他设计要素搭配在一起显现出来。

（1）可供高频使用

园林铺装可供高频使用，这是最显著的实用功能。铺装使用的硬质材料具有永久的特点，能稳定地覆盖地表，与草地相比，更能承受地面的磨压，同时它的使用几乎不受季节的影响，不会产生泥泞沼泽。只要施工符合规范，在使用过程中不需要太多的维护。

（2）将不同元素进行整合

园林铺装可将不同的园林元素进行统一与整合。园林空间会涉及不同的园林要素，有景墙、雕塑、水景、植物、游戏设施、建筑等，这些要素大都以点状的形式存在，园林铺装可以以底图的方式将这些要素整合在一起，让各个要素之间产生关联，形成统一的画面，如图8-1所示。

（3）使空间产生分割与变化

园林铺装能将空间进行分割与变化。通过材料或样式的变化形

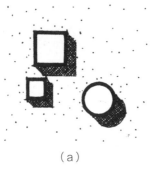
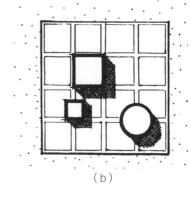

（a）　　　　　　　　　　　　　　　　（b）

图8-1　铺装将不同园林要素整合在一起

成空间界线，在人的心理上产生不同暗示，达到空间分隔及功能变化的效果。两个不同功能的活动空间采用不同的铺装材料或者采用同一种材料，也可采用不同的铺装样式，如图8-2所示。

（a）　　　　　　　　　　　　　　　　（b）

图8-2　铺装将空间进行分割

（4）对行为与视线进行引导

园林铺装能对行为和视线进行引导。当道路被设计成线性时，道路自身即具有引导作用，铺装将引导作用进行了强化，引导人和车辆到"轨道"上来（图8-3）。但是这种情况只限于道路的线型设计是符合人的心理行为的，常见情况是草地中的小路由于不在"捷径"线上，人们另外走出一条路，则铺装的引导作用失效（图8-4）。

在园林设计中，经常采用直线型铺装引导游人前进；在需要游人驻足停留的场所，则采用无方向性或具有稳定性的铺装；当需要游人关注某一重要的景点时，则采用聚向景点方向的铺装。通过变化铺

图8-3　铺装对行为进行引导

图8-4　铺装对行为引导失效

装方式或铺装纹样使人驻留或穿行，如图8-5和图8-6所示。另外，通过铺装线条的变化，可以强化空间感，比如用平行于视平线的线条强调铺装面的深度，用垂直于视平线的铺装线条强调宽度，合理利用这一功能可以在视觉上调整空间大小，起到使小空间变大、窄路变宽等效果。

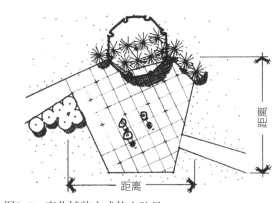

图8-5　变化铺装方式使人驻足

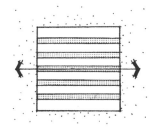

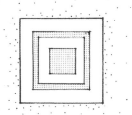

图8-6　变化铺装纹样使人穿行或停留

（5）体现空间意境与主题

园林铺装能体现园林空间的意境和主题。良好的景观铺装对空间往往能起到烘托、补充或诠释主题的增彩作用，利用铺装图案强化意境，这也是中国园林艺术的手法之一。这类铺装使用文字、图形、特殊符号等传达空间主题，加深意境，在一些纪念性、知识性和导向性空间比较常见。中式意境铺装如图8-7所示。

（a）　　　　　　　　　　　（b）

（c）　　　　　　　　　　　（d）

图8-7　中式意境铺装

（6）重塑空间比例关系

园林铺装重塑空间比例关系。每一块铺装材料的大小，以及铺砌形状和间距等，都能影响铺面的视觉比例。形体较大、较开展，会使空间产生一种宽敞的尺度感，如图8-8所示。而较小、紧缩的形状，则使空间具有压缩感和亲密感，如图8-9所示。

图案设计也同样为尺度感提供了参照，若空旷的场地使用单一铺装材料，则场地失去了尺度感；若在场地中设计了图案，并用另一种材料加以强化，则让人觉得场地不再过于空旷，如图8-10所示。

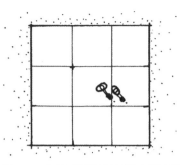

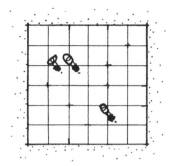

图8-8　大尺度铺装材料使空间宽敞　　图8-9　小尺度铺装材料使空间有亲密感

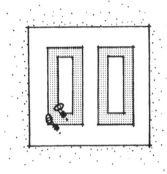

图8-10　场地中使用铺装图案不过于空旷

8.1.3 铺装的表现要素

（1）色彩

铺装色彩是对周围环境的衬托（图8-11），也是设计者情感传达给游人的途径。铺装色彩一般衬托景点，少数情况下成为主景，所以铺装色彩要与周围环境的色调相协调。假如色彩过于鲜亮，可能喧宾夺主。当铺装成为主景，色彩可

图8-11　铺装衬托环境

有主题性地突出，避免杂乱无章，否则易造成园林空间的混乱。

色彩的选择还要充分考虑人的心理感受，暖色调热烈（图8-12），冷色调优雅（图8-13），明色调轻快，暗色调宁静。色彩的应用应追求统一中求变化，即铺装色彩要与整个园林景观相协调，同时用视觉上冷暖节奏变化以及轻重缓急节奏的变化，打破色彩千篇一律的沉闷感，最重要的是做到稳重而不沉闷、鲜明而不俗气。

图8-12　暖色调铺装　　　　　图8-13　冷色调铺装

（2）质感

铺装质感在很大程度上依靠材料的质地给人们传输各种感受，如图8-14至图8-17所示。大空间要做得粗犷些，应该选用质地粗大、厚实，线条较为明显的材料，因为粗糙往往使人感到稳重、沉重、开朗；另外，在烈日下，粗糙的铺装可以较好地吸收光线，不显得耀眼。

图8-14　木材铺装给人温馨感　　图8-15　细腻石材铺装给人精致感

图8-16　粗糙石材铺装给人自然感　　图8-17　马赛克铺装给人艺术感

　　小空间则应该采用较细小、圆滑、精细的材料，细致感给人轻巧、精致、柔和的感觉。不同的素材创造了不同的美的效应，不同质地的材料在同一景观中出现，必须注意其调和性，恰当地运用相似及对比原理，组成统一、和谐的园林铺装景观。

　　（3）尺度

　　铺装图案的不同尺度能取得不一样的空间效果。铺装图案大小对外部空间能产生一定的影响，形体较大、较开展则可使空间有宽敞的尺度感，而较小、紧缩的形状，则使空间具有压缩感和私密感。通过不同尺寸的图案以及合理采用与周围不同色彩、质感的材料，能影响空间的比例关系，可构造出与环境相协调的布局。通常大尺寸的花岗岩、抛光砖等材料适宜大空间（图8-18），而中、小尺寸的地砖和小尺寸的马赛克，更适用于一些中、小型空间（图8-19）。就形式意义而言，尺寸大小在美感上并没有多大的区别，并非越大越好。有时小尺寸材料铺装形成的肌理效果或拼缝图案往往能产生较好的形式趣味，或者利用小尺寸的铺装材料组合成大的图案，也可以与大空间取得比例上的协调。

学习笔记

图8-18　大尺度空间的铺装

图8-19　小尺度空间的铺装

　　（4）图案纹样

　　园林铺装可以用多种多样的纹样形式来衬托和美化环境，增加园林的景致。纹样起着装饰路面的作用，而纹样又因环境和场所的不同而具有多种变化。不同的纹样给人们的心理感受也不一样。规则的形式可产生静态感，暗示着一个静止空间的出现，如正方形、矩形铺装（图8-19）。三角形和其他一些不规则图案的组合则具有较强的动感。园林中比较常用的还有一种效仿自然的不规则铺装，如乱石纹、冰裂纹等，可以使人联想到乡间、荒野，更具有朴素自然的感觉。

8.1.4 铺装材料分类

（1）疏松材料

疏松材料指那些不通过胶黏剂固定或者彼此黏结的材料，例如沙砾或碎石（图8-20）。用这类材料铺装成本低，透水性强，利于排水，形成的肌理自然。但是疏松材料必须铺装在拟定的范围内，否则随使用的时间推移，材料会不断向外扩散。疏松材料铺装可以承载来往车辆，可以用于干旱的地区或植物很难生长的区域，还可以用于遮蔽下水道。

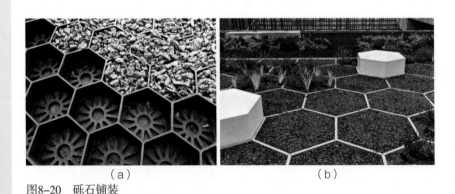

（a）　　　　　　　　　　　　　（b）

图8-20　砾石铺装

（2）块状材料

块状材料指那些有固定大小和形状，由工厂加工或切割成块的材料，例如石头、砖、瓦片、混凝土块、木材和塑料。这些块状材料比疏松材料或黏合材料贵。

不同的块状材料能营造不同的空间感觉。石材可被加工成粗糙程度不一样的面，给人带来不一样的感觉，越粗糙自然感越强，越光洁人工感越强，石材让空间有了简约、硬朗的效果，被大量使用于城市公共空间，如图8-21和图8-22所示。

常见的石材有花岗岩（图8-23）、大理石、板岩（图8-24）、砂岩（图8-25）、青石板（图8-26）。花岗岩颜色美观，样式繁多，外观色泽可保持百年以上，硬度高、耐磨损、质地坚硬，不容易被酸碱或风化作用侵蚀。园林中常用的颜色：芝麻黑、芝麻白、芝麻灰、蒙古黑、福建青、黄锈石、新疆红、翡翠绿、中国红等。大理石性质较软，容易风化失去光泽，因此一般用于室内。板岩具有板状结构，是一种变质岩，颜色随其所含有的杂质不同而变化，具有较强的特点，常用于打破单调场景，给人以亲切和变化。砂岩是一种无污染、无辐射的优质天然石材，但是硬度比花岗岩低，不宜做车行道，适合做人行道或墙体装饰。青石板质地密实，无污染、无辐射，经久耐用、物美价廉，但不耐压，易风化，不适合车流量大的路面使用。

图8-21　花岗岩铺砌　　图8-22　石材被打磨　图8-23　花岗岩石材
　　　　　　　　　　　　　　　　　得光洁

图8-24　板岩铺地　　　图8-25　砂岩铺地　　　图8-26　青石板饰面

　　砖是通过自然黏土烧制而成，有不同的规格，大部分的砖具有粗糙适中的感觉，如图8-27和图8-28所示。随着环保要求的提高，黏土砖被禁止生产，取而代之的是粉压轻质砖，一般不用于园林空间。黏土砖往往给人一种工业感与怀旧感。

　　除此之外，还有常见的透水砖（图8-29和图8-30）、陶土砖、植草砖（图8-31）和青砖（图8-32），常用于广场、人行道和园路等。透水砖又称"荷兰砖"，相比于普通铺装砖，透水砖具有透水性、保水性、降噪性、高耐磨、高强度、耐风化等优点。陶土砖的性质属于低温砖，烧成温度在800℃左右，吸水率较高，一般吸水率在8%～10%，色彩丰富，具有较好的观赏性。植草砖有井字形、背心

图8-27 红砖砌筑　　　　　图8-28 红砖铺地

图8-29 灰色透水砖　　　　图8-30 彩色透水砖

图8-31 植草砖　　　　　　图8-32 青砖

形、单8字形、双8字形、网格形等，具有较强的抗压性和稳定性，常用于停车场。青砖常用于营造素雅、古朴、自然、宁静的美感，具有吸水、透气等优点。

　　瓦片过去常用于民居屋顶，现在多见于地面铺装，如图8-33和图8-34所示。瓦片的侧面，完全的线条给人带来精致与动感，一般用于中式庭院。由于耗费人工较多，往往是"高级"的代名词。

图8-33　瓦片铺地　　　图8-34　瓦片饰面

混凝土块的铺装，将混凝土放置在固定的容器中，待干硬后进行打磨等加工处理，形成块状材料，还可以结合其他工艺创造出各种形状。清水混凝土是近些年比较受欢迎的材料，由于后期加工细致，能给环境带来精致、整齐的感觉，如图8-35至图8-37所示。

图8-35　混凝土汀步

图8-36　混凝土铺地

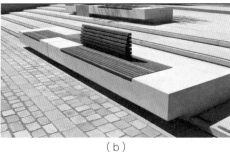

图8-37　混凝土坐凳

与石块、砖、混凝土相比，木材质地更软，更容易让人联想到自然与生态，给人一种温馨、亲近的感觉。但是木材容易腐烂，因而在使用之前会经过防腐加工，即使如此，依然要避免积水问题，因此

学习笔记

木材铺装要先做龙骨架。为了解决木材的腐烂问题，现在又出现了塑木材，简称塑木。木材可以加工成任何形状，因此在加工过程中不可避免增加了人力成本以及较多的废料。木材在铺装上的使用如图8-38所示。

（a）   （b）

图8-38　木材铺地

（3）橡胶和塑料

橡胶地砖由两层不同密度的材料构成，彩色面层采用细胶粉或细胶丝，并经过特殊工艺着色，底层则采用粗胶粉或胶粒、胶丝制成；还有一种是橡胶粒。橡胶铺地脚感舒适，软硬适中，防滑、减震、耐

图8-39　彩色橡胶铺地

磨、抗静电、不反光、疏水、色彩丰富，常用于跑道、儿童活动区或幼儿园的室外空间，如图8-39所示。塑料与橡胶类似，但弹性不如橡胶，也不如橡胶环保，但价格便宜。

（4）黏体或流体材料

黏体或流体材料指类似混凝土或沥青在刚铺装的时候有可塑性的材料。材料必须注入可以限定其轮廓的容器中，直到凝结、变硬。这种最初可以塑造成任何形状或形式的材料很适合用于曲线形或不规则的区域中，这两种材料非常廉价，缺点是不太好看，目前可以对混凝土进行调色，增强其表现力。混凝土或沥青在工艺上也做了处理，创造了透水混凝土与排水沥青，如图8-40至图8-42所示。值得注意

的是透水材料由于间隙大，导
致排水沥青路面冬季易脆裂，
夏季易软化，耐久性差，不适
合行车。

图8-40　透水混凝土

图8-41　透水彩色混凝土

图8-42　混凝土地面

8.2 技能储备

铺装的演变与表达；鸟瞰图画法。

8.2.1 图形的演变与表达

以工字铺为基础，通过颜色或材料交替改变、砖的拼贴、切割使
规格改变、铺贴方向改变、局部重叠、图案组合、平行缩小、平行渐
变、交错咬合等手段，演化出多种多样的铺装样式，如图8-43所示。

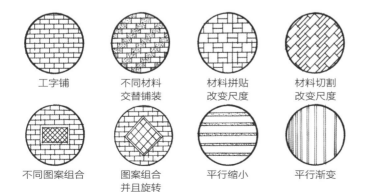

图8-43　铺装图形的演变

方格子铺法：

方格子铺法如图8-44所示，方形空间铺装图案设计如图8-45所示。

工字铺　　材料或颜色交替　格子45°旋转　　冰裂纹　　　鹅卵石
　　　　　　格子铺

图8-44　格子铺常见图形

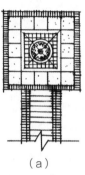  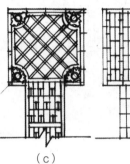

（a）　　　　　　（b）　　　　　　（c）　　　　　　（d）

图8-45　方形空间铺装图案设计

8.2.2　鸟瞰图画法

鸟瞰图画法步骤如图8-46所示。

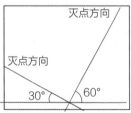

①在画面底部定出视平线，灭点角度为30°和60°。

②画出底面的基本框架，让线分别朝向30°与60°的灭点方向，略微出现收缩感。

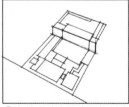

③完善庭院空间底面的基本框架。

④拉伸高度，所有表示高度的线均相互平行，与灭点方向一致的线需逐渐收缩指向灭点。

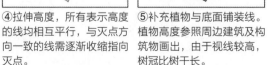

⑤补充植物与底面铺装线。植物高度参照周边建筑及构筑物画出，由于视线较高，树冠比树干长。

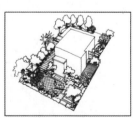

⑥完善画面，补充投影。

图8-46　鸟瞰图画法步骤

8.3 任务实施过程

▨▨ 步骤1：根据空间功能划分铺装范围。

知识链接：

铺装具有划分空间的作用，在庭院空间，空间的性质主要分流动空间和停留空间。流动空间为道路，停留空间为各个功能区。铺装时需对两种空间有大致的划分，将道路和停留空间的边界分别封闭。

▨▨ 步骤2：根据周围环境，设计铺装图案，示例如图8-47所示。

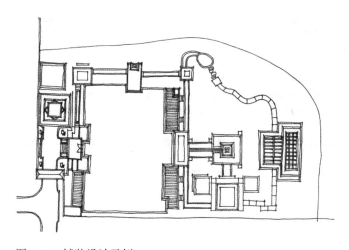

图8-47　铺装设计示例

知识链接：

设计师在探讨铺装图案时应该从空间形式、建筑物与构筑物的形式、空间气氛进行考虑。

（1）空间形式

功能转化为形式时，可以转化为矩形、多边形、圆形、自然、混合形态等主题空间，因此，铺装的形式要与这些主题空间相吻合。与方形相协调的形态，例如方形、回字形、田字形、菱形、平行矩形等形态（图8-48）；与多边形相协调的形态，例如延边划分、平行缩小、类似划分所形成的形态（图8-49）；与圆形相协调的形态，例如同心圆、移动轴圆、扇形等形态（图8-50）；与自然形态相协调的形态，例如平行曲线、自由曲线、纵向条纹、横向条纹、发射条纹、冰裂纹等形态（图8-51）；与混合形态相协调的以上手段的综合使用所形成的形态。

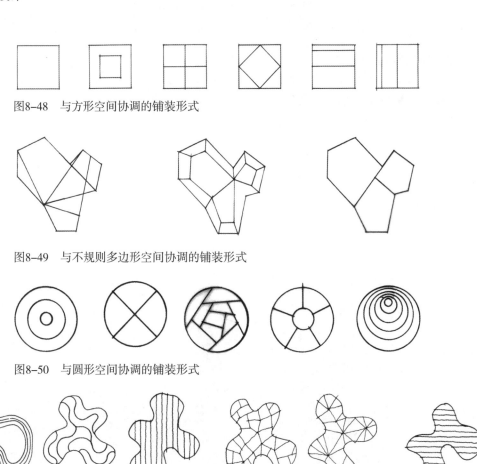

图8-48　与方形空间协调的铺装形式

图8-49　与不规则多边形空间协调的铺装形式

图8-50　与圆形空间协调的铺装形式

图8-51　与不规则多曲线空间协调的铺装形式

道路大多都是线性，铺装设计基本都要延续线性的感觉。当道路过长时，可以对道路进行分段处理，如图8-52所示。当需要加强对人的视线引导时，铺装的线性需要与视线方向保持平行，如图8-53所示。

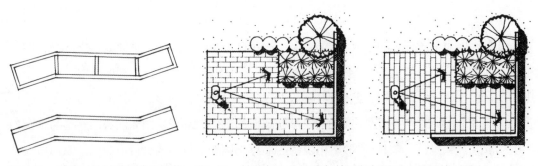

图8-52　道路过长时需要分段铺装　图8-53　铺装与人的视线保持平行加强对人的视线引导

（2）铺装与建筑物、构筑物相协调

私家花园是居住建筑的附属花园，花园中所有的园林要素都围绕建筑布置或者受建筑的影响，铺装设计同样受建筑的影响。除此之外，铺装受园林构筑物的影响，因为每一个构筑物都以一定的形式占有地面面积。因此，铺装图案的设计应该在视觉上与建筑物、构筑物的形式、风格相协调。要做到这一点，有以下办法：第一，建筑物、构筑物凸出的角、门窗、柱子都成为铺地图案对齐的根据，或使垂直面与地面的铺装一致，使铺地与建筑构成一个整体，如图8-54所示。第二，将建筑中某个特定形式或特征运用到铺装图案中，如图8-55所示。

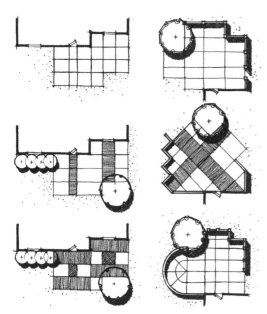

图8-54 建筑结构的延长线为铺装分割线

图8-55 建筑中的特定形式运用到铺装中

（3）铺装与空间气氛相协调

铺装图案与空间的风格相协调，空间是中式风格的，铺装图案尽可能营造中式气氛，如图8-56所示；空间是现代简约风格的，铺装图案尽可能简约，减少过多的装饰；空间是自然野趣风格的，铺装图案尽可能自然、自由。

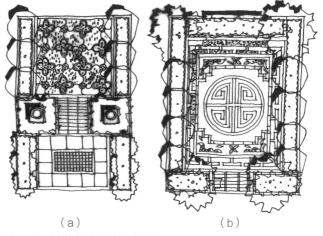

（a）　　　　　　（b）

图8-56 铺装营造的中式气氛

▨步骤3：细化每一个铺装区域的内部图案、比例尺度，在铺装平面上标注材料品种、表面质感、颜色及尺寸。铺装设计示例如图8-57所示。

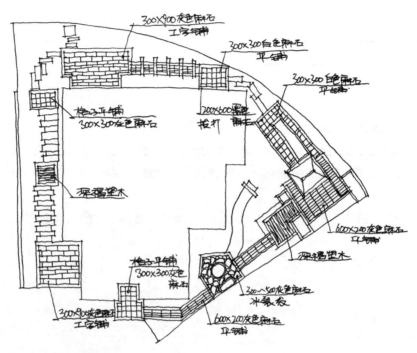

图8-57 铺装设计示例

知识链接：

铺装区域的铺装图形设计完成后，需要对图案进行二次划分，用不同的线型表示材料的表面质感、品种等，如图8-58至图8-60所示。在方案设计阶段，先考虑图案的空间感觉、材料感觉以及比例关系，再调整尺寸大小。

铺装材料可以定做不同的尺寸，市面上花岗岩的尺寸多以300mm为模数，常见尺寸有600mm×600mm、600mm×300mm、300mm×300mm等，在铺装设计中，尽量选择以300mm为模数的尺寸。

根据空间大小的不同、材料之间的组合形式不同以及所要表达的景观效果不同，铺装尺寸往往需要进行调整，例如在空间较大的广场中铺设600mm×600mm的花岗岩，则体现广场的宽广及整洁，而此时若使用100mm×100mm的马蹄石，则会将空间变得琐碎。但在小园路中铺设100mm×100mm的马蹄石会使园路变得柔和、自然，使用大尺寸的花岗岩则不适合。同时，从整体考虑，铺装图案的大小同样会影响空间的尺度感，通过合理的图案拼接和搭配，配合不同的颜色和质感，可影响场地的比例关系以及景观的整体布局。

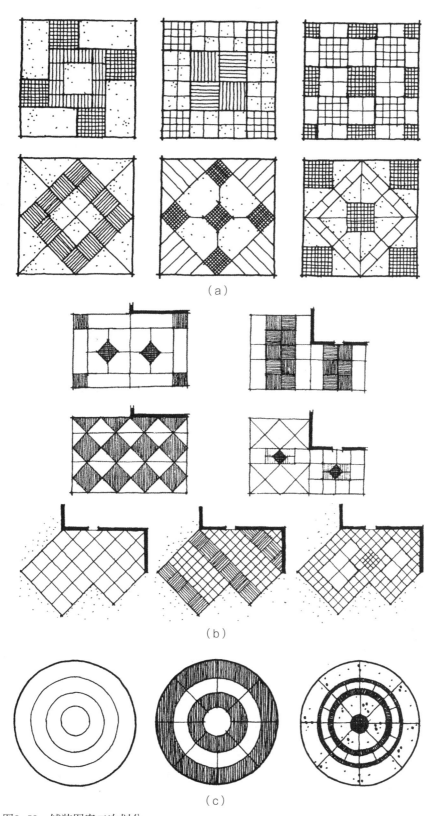

（a）

（b）

（c）

图8-58 铺装图案二次划分

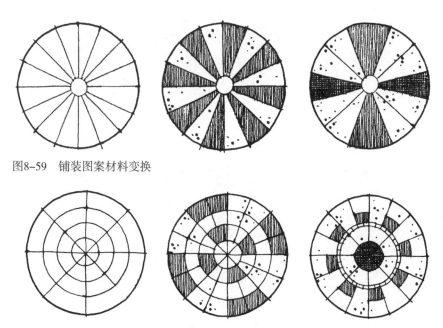

图8-59　铺装图案材料变换

图8-60　铺装图案二次划分后材料变换

　　这里必须提到一种特殊的铺装——汀步，如图8-61所示。汀步是以块状材料进行铺设，每块材料之间都有间隙，且行人每一步都需要落到板材上，一步一块板，这就需要每块铺装材料的间隔不能过宽，也不能过窄，过宽人会踩到缝隙中导致意外，过窄则失去了汀步的意义。因此，汀步中心间距一般为0.5～0.6m为宜，相邻汀步之间的高差应不大于0.25m，间距一般不大于0.15m。水池中汀步的顶面距水面的常水位不小于0.15m，汀步表面不宜光滑。汀步附近2m范围内，水深应不大于0.5m。汀步的宽度不作要求，根据空间比例及设计意图而定。

（a）　　　　　　　　　　（b）　　　　　　　　　　（c）

图8-61　汀步

关于颜色的提示：不同材质有不同的颜色，相同的材质色彩各异。例如沥青有黑色也有彩色，花岗岩有灰色、黑色、红色、黄色等，砾石有白色、灰色、黑色等，应用时，颜色的选取与搭配是铺装设计的灵魂。不同颜色象征着不同意义，色彩的明暗也象征着轻快与宁静，可使游人产生不同的感受，同时，也可以将设计师的情感映射其中。

在色彩的选择上，需要先统一后变化，确定整体景观的色调之后，再寻求细节的改变。由于园林性质、所在区域的文化、景观小品或建筑的立面以及景观设计的主题与立意的不同，要选择不同的适合景观设计的铺装颜色。在活泼的儿童游乐区，适合选择色彩多样的铺装，这样更能吸引纯真活泼的儿童，同时也体现了明快的氛围；而在相对安静的休憩区域，则可以采用柔和、素雅的铺装材料，体现安静的氛围。

步骤4：画出整体空间的鸟瞰图，检查铺装元素的整体空间感觉，如图8-62所示。

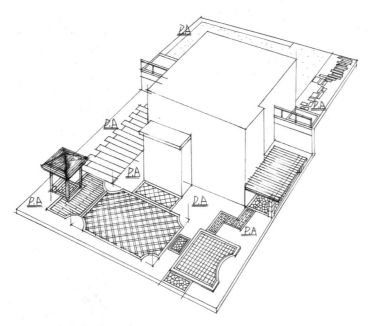

图8-62　铺装鸟瞰图示例

你不能不知道的事：铺地的文化寓意

中国古典园林铺装纹样丰富多彩，它不仅具有实用功能，还蕴含了深厚的文化寓意。大多取材于生活或自然，并采用寓意、谐音、联想等表达手法传递吉祥的多重涵义。与此同时，园林铺地是在人们强烈的主观意识下创造的，极具感情色彩，而且园林铺地与园林周边环境关系甚密，两者相辅相成。

（1）宗教文化

儒家思想强调以人为本，注重内在修养，从孔子倡导的"君子比德"中便能感悟良多。如声名远扬的"四君子"，梅花（图8-63）、青竹、菊花、兰花，将其运用于园林铺地之中，因它们与人的高洁品格有颇多相似之处。而"瓶生三戟"铺地纹样蕴含平升三级之意，进一步表露了读书之人想要入仕的心态。与四、六、八有关的多边形铺地纹样，其特色便是无论如何对折都是对称的图案，与儒家的中庸之道完美相融。道家思想尤其注重将园林铺地与自然美相融合，展现其独特的浪漫主义思想。与道家有关的仙鹤、葫芦、八卦（图8-64）等铺地纹样各有特色。园林铺地中的八卦纹样蕴含着化险为夷之意，是道家文化的标志性符号。佛教思想也存在于园林铺地中，如莲花（图8-65）、盘长等纹样与佛教有关。盘长铺地纹样蕴含积厚流光、佛法回环、好事连绵不绝之意，是佛教法器之一。莲花铺地纹样有圣洁、吉祥之意，也从侧面表达了园林主人不愿与世沉浮的崇高品格。

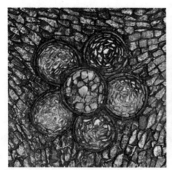　　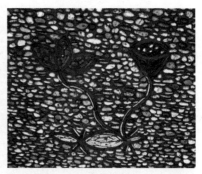

图8-63　梅花铺地纹样　　　图8-64　八卦铺地纹样　　　图8-65　莲花铺地纹样

（2）民间吉祥文化

人们对美好事物的憧憬，自古以来有增无减，在民间吉祥文化题材的铺地纹样上体现得淋漓尽致，以物寓意，意必吉祥是其表现形式的特色所在。金银锭、聚宝盆、套方金钱（图8-66）铺地纹样的运用恰如其分地表达了财运亨通的寓意。福、禄、寿（图8-67）等代表吉祥如意的文字图案，则通过象征、联想的抽象手法展现。同时，数字谐音在几何纹中的运用也很广，如与四谐音的"事"，将其寓意融入四边形图案，有事事如意之意；如与六谐音的"禄"，将其寓意融入六边形图案，寓意俸禄优厚；如与八谐音的"发"，将其寓意融入八边形图案，有发财之意。

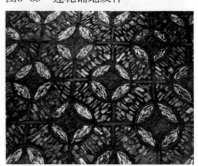

图8-66　套方金钱铺地纹样

（3）文人思想

文人思想是古典园林建设中极具代表性的园林

图8-67　寿字铺地纹样

理念，文人思想的繁盛造就了独具特色的文人园林。文人园林的精髓在于造园技法，不仅运用联想等表达方式将诗文、绘画与园林深度融合，以承载文人的情感，将文人思想的价值最大化，还对美学、价值观等理念进行深层次的剖析与解读，将文人独立的人格魅力巧妙地嵌于园林中。如松树因其四季常青、不畏艰难的优秀品质，延年益寿的美好寓意，文人别出心裁

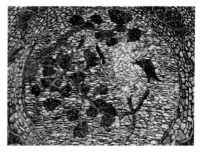

图8-68　松鹤延年铺地纹样

地造就了"松鹤延年"铺地纹样（图8-68）。象征富贵的铜钱铺地纹样则寓意着园林主人对荣耀的渴求。从另一种角度来看，深居园林的文人墨客，用郁郁不得志来形容他们的人生和官场境遇再恰当不过了。因此，饱读诗书的他们，试图寻找情绪的宣泄口，将苦闷的情绪寄托于自己生活的园林。平步青云是文人墨客入仕后梦寐以求的升官之道，园林厅堂主入口处随处可见的云石铺地纹样便是最好的印证。

中国古典园林铺地文化底蕴深厚，寓意深远，享誉世界，是园林中不可或缺的重要部分。深层次地剖析古典园林铺地的文化内涵意义非凡。一方面，能弘扬我国的传统文化；另一方面，在突破传统束缚的同时，与时俱进，取其精华，通过创造性的实践打造别具一格的现代园林铺地景观。

种植设计

☑ 任务描述

　　园林植物配置是园林规划设计的重要环节，在许多设计中，设计师主要利用地形、植物和少量的建筑来组织空间和解决问题。植物除了能作为设计的构成因素外，还能使环境充满生机和美感。

　　本任务主要从植物种植设计释义上端正设计师对园林植物设计的认识；着重讨论植物在园林中的作用、植物的种类、植物的外形与质感，以便在种植时能熟练运用植物的特点。在技能掌握方面，能掌握不同植物的图例画法，能对私家庭院进行种植设计并绘制庭院的彩色平面图，能完善一点透视图、两点透视图、鸟瞰图的植物元素。

▤ 学习目标

①了解园林种植设计的意义。

②清楚园林植物的作用。

③清楚植物的基本分类。

④掌握植物的组织方式。

⑤能画出不同植物的图例。

⑥能为庭院进行种植设计，并画出完成的彩色平面图。

⑦能为一点透视图、两点透视图、鸟瞰图完善植物元素。

⊟ 任务书

请根据庭院空间的性质要求以及植物的特点，在平面图中规划植物的种植方式，并能用相应的图纸进行表达。

要求：

①植物景观能构成不同形态的空间。

②植物种植能营造舒适微气候。

③植物种植与空间气氛相协调。

④植物景观具有季相性。

⑤植物景观容易维护。

9.1 知识储备

植物种植设计释义；植物的作用；植物的种类。

9.1.1 植物种植设计释义

植物是园林空间一个极其重要的素材，它具有许多不同于其他园林设计要素的特点，其中最大的特点是具有生命，能生长，随着时间的推移，植物表现出来的形、色以及与之共生的生物都会发生变化，对其他的园林要素也会产生一定的影响，例如根系发达的植物会使铺装产生一定的变形与破坏。当种植规模达到一定程度时，会产生巨大的环境效益，因此，植物不仅是装饰要素，有时候甚至有更大的价值与功能。

植物种植设计在本书中作为最后一个园林要素进行讲述，并不代表植物是最后考虑的因素，也不代表植物是填充空间的工具。某些特殊的项目将植物元素作为重点进行设计，例如植物园、湿地公园、森林公园、农业园等。

植物涉及的知识是多方面的。植物与生物的共生问题由生物学家解决；植物的病虫害问题由植物学家解决；植物的生态问题由景观生态学家解决；园林设计师解决什么问题？园林设计师需要对植物功能有足够的了解，并熟练地将植物运用于园林设计中。这就要求园林设计师通晓植物的设计特性，如植物的形态、尺度、色彩和质地，了解植物的生态习性和栽培，还要对植物健康生长所需要的生态条件，以及生长的环境效应有一定的了解，对植物加以应用，避免划分园路后只是填充式种植。

9.1.2 植物的作用

（1）创造空间

在建造功能上，首先体现在植物能像建筑那样形成垂直的"墙"与"天花"，创造空间。成排种植时，树干形成通透的"垂直面"，暗示空间边界（图9-1），当灌木组合在一起或以绿篱形式出现时，"垂直面"变得密闭，空间的围合感更加突出（图9-2）。植物的树冠犹如空间的"天花板"，限制了人的视线，影响空间的感觉。当茂密的枝叶相互覆盖，遮蔽了阳光时，哪怕树干的密度不高，依然能给人较强的封闭感（图9-3）。垂直面与顶面是人的视线容易触及的，而地面常常被忽视，事实上，通过地被植物以及低矮灌木来围合，虽然对视线没有屏蔽，但也能暗示空间，如图9-4所示。

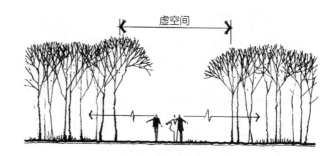

图9-1 树干形成垂直面暗示空间边界

图9-2 灌木形成垂直面

图9-3 树冠形成顶面

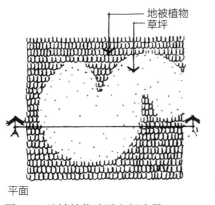

平面

图9-4　地被植物暗示空间边界

　　根据植物的尺度关系以及视线关系，常见的植物围合空间有：开敞空间、半开敞空间、覆盖空间、封闭空间和垂直空间等，见表9-1。

表9-1　常见植物围合空间

	平面图	立面图	特征
开敞空间			用草本、地被、低矮灌木作为空间的界定，这种空间无私密性，开敞外向
半开敞空间			相比开敞空间而言，其开敞程度较小，通常是一侧或多侧受到灌木、乔木的遮挡，有一定的私密性；另一侧较为开敞
覆盖空间			利用高干树种较浓密的冠幅，构成顶部覆盖、四周开敞的空间。这种林下空间在夏季时具有遮阴效果，冬季落叶后显得开阔明亮
封闭空间			这种空间是在覆盖空间的基础上，四周均被植物遮挡、封闭，无方向性

续表

平面图	立面图	特征
垂直空间		运用高而细的植物构成立面垂直封闭但顶面开敞的空间，有强烈的引导性。水平距离越小，垂直距离越高，则垂直空间带来的引导性越强

植物除了能独立创造空间，还能与其他园林元素以连接的方式围合空间，如图9-5所示。庭院最初由建筑物围合而成，但最终以大量的乔木、灌木将各孤立建筑有机结合起来，从而构成连续的围合空间，如图9-5所示。

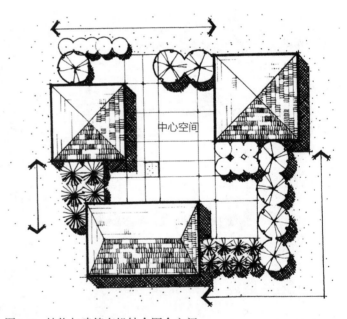

图9-5　植物与建筑有机结合围合空间

（2）遮挡与引导视线

刻意安排植物元素在一些特殊的位置，能遮挡或隔离不利于美化景观的因素，例如通风井、消防出入口、卫生间、杂物间、垃圾处理站等。要达到遮蔽的效果，要求植物为常绿植物，并且植物的高度高出视平线，如图9-6所示。

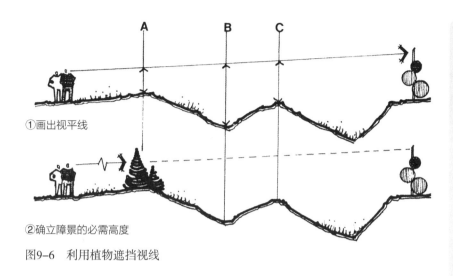

①画出视平线

②确立障景的必需高度

图9-6　利用植物遮挡视线

植物能遮蔽视线，同样也能引导视线。当高灌木成行排列形成长廊空间时，可将人的视线和行动引向终端，如图9-7所示。

（3）营造私密空间

植物刻意分割空间，避免行人直接穿行，并对视线形成阻隔，营造私密环境，使空间保持独立性的同时创造舒适宜人的室外环境，如图9-8所示。

图9-7　植物引导视线

图9-8　植物营造私密空间

（4）改善局部小环境

选择特殊植物，可以有效缓解机动车带来的环境污染。不仅如此，当植物达到一定规模时，还可对空气、噪声等进行适度控制，如图9-9所示。

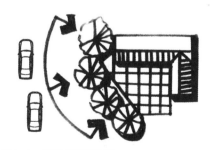

图9-9　植物降低噪声

（5）改善局部微气候

炎热的夏天，活动人群急需遮阴避晒的环境，而植物的阴凉作用优于多数构筑物，植物还能降低风速，并使其滞留于树荫下，达到凉爽的效果，如图9-10所示。当大型庭荫树种在建筑及户外空间的西南侧、西侧和西北侧时，可阻挡"西晒"，如图9-11所示。西北侧种冬季落叶类树种，还可以有效抬升西北风，避免在庭院中形成旋涡风。

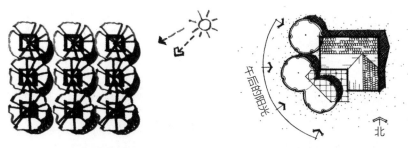

图9-10　植物遮挡阳光直晒形成纳凉空间　　图9-11　植物阻挡"西晒"

（6）提供视觉焦点和背景

在功能布置阶段，已经确定了视觉焦点，尤其是那些用标志物符号表示的地方，可以使用植物进行替代。这些植物的选择，可以从尺寸、形态、颜色上进行考虑。

尺寸是成为视觉焦点的核心条件。本身尺寸较大的植物或者与周围植物相比尺寸较大的植物，它们可以作为视觉焦点，不管它们存在于植物丛中还是单独矗立在开阔的草坪区，具有同等效果，如图9-12所示。

图9-12　植物形成焦点和背景

植物多种多样，形态各异，利用植物的形态使装饰性植物与周围植物的外形存在明显差异，能达到视觉焦点的作用，如图9-13所示。纺锤形、圆柱形、水平展开形、圆球形、尖塔形、垂枝形、人造特殊形都是具有视觉识别的形态，如图9-14所示。只要与周边植物的形态形成对比，并在尺寸上稍大，便能形成空间的视觉焦点，如图9-15所示。

图9-14　植物形态

图9-13　利用形态成为视觉焦点

图9-15　孤植树与背景对比形成焦点

植物的色彩是最容易引人注目的因素。不管是花色还是叶色，只要能与各种深浅不一的绿色形成明显的对比，就能成为视觉焦点，前提条件依然是在尺寸和规模上足够大，如图9-16所示。

特殊植物能成为焦点，少不了同质植物作为背景的作用。质地类似、形态类似或者颜色类似的植物，成组、成团按照一定的美学法则进行组织，形成高低错

图9-16　利用植物色彩成为焦点

落，但又不会喧宾夺主的背景。正是有这样的背景存在，作为焦点的植物才能更加突出，如图9-17所示。

图9-17 植物成为雕塑的背景

9.1.3 植物的种类

将植物进行分类，便于园林设计师对植物的形态、大小、生长特性、对环境要求等有系统的认识，并按照其形态特点和生长规律进行配置，以达到预期的效果。

植物按形态来分，可以分为乔木、灌木、草本植物、藤本植物。有一个直立主干，且高度可达5m以上的木本植物称为乔木，如图9-18所示，有桃花心木、香樟树、广玉兰等。乔木按冬季或者旱季落叶与否又分为落叶乔木和常绿乔木。

（a） （b）

（c） （d）

图9-18 乔木

　　主干不明显，常在基部发出多个枝干的木本植物称为灌木，常见的有杜鹃、针叶女贞、红花檵木等，如图9-19所示。茎内的木质部不发达，含木质化细胞少，支撑力弱。

　　（a）　　　　　　　　　　　　　　（b）

　　（c）　　　　　　　　　　　　　　（d）

图9-19　灌木

　　草本植物体形一般都很矮小，寿命较短，茎干软弱，多数在生长结束时部分或整株植物体死亡。根据完成整个生命周期的年限长短，分为一年生、两年生和多年生草本植物，如图9-20所示，有菊花、百合等。

　　（a）　　　　　　　（b）　　　　　　　（c）

　　（d）　　　　　　　（e）　　　　　　　（f）

图9-20　草本植物

藤本植物是指那些茎干细长，自身不能直立生长，必须依附他物而向上攀缘的植物，如图9-21所示。有四君子、炮仗花等。

（a）　　　　　　　　　　　（b）

图9-21　藤本植物

按植物生长习性来分，可以分为陆生植物、水生植物、寄生植物。陆生植物指生于陆地上的植物。水生植物指全部或者部分沉于水的植物，如图9-22所示，有荷花、睡莲等。寄生植物指生于其他植物上，并以吸根侵入寄主的组织内吸取养料为自己生活营养的一部分或全部的植物，如桑寄生、菟丝子等。寄生植物一般不用于庭院景观中。

（a）　　　　　　　　（b）　　　　　　（c）

图9-22　水生植物

按乔木、灌木的叶型特征来分，可以分为针叶树和阔叶树。针叶植物大多数是常绿的，叶子细长如针。针叶树应与落叶树联合运用，在落叶树落叶后，植物景观依然保持绿意和一定的密实度。针叶树很适合种在西北方，用于阻挡冷风。阔叶树分常绿和落叶两种，叶子形状多样，如圆形、伞形、卵形。阔叶常绿树的叶子可以为整个植被构成提供一个深色而有光泽的背景。落叶树有明显的季节性变化，许多落叶植物都具有烂漫的春花、艳丽的秋叶，如山茱萸、美丽异木棉、黄花风铃木等。在炎热的夏季，落叶植物能带来阴影，在冬季，其又不遮挡光线，还有丰富的季相性，因此，常常被穿插搭配在常绿植物中，如图9-23所示。

　　（a）　　　　　　　（b）　　　　　　　　　（c）

图9-23　季相性植物

　　按植物生长习性来分，有喜阴、喜阳、耐旱、耐盐碱、喜酸性等。在进行植物配置前需要对植物以及场地现状进行深入调查，这样才能使植物茁壮生长，达到预期的设计效果。图9-24是某办公大楼的空中花园，环境阳光较

图9-24　植物严重缺乏阳光而死亡

少，接近于室内环境，对植物的耐荫能力估算错误，造成了大量植物枯萎，远远没有达到设计预期。

　　由于本任务主要完成植物的初步设计，因此，对植物各方面的特点只简单介绍，要对植物进行深化设计还需要在"植物造景设计"课程中深入学习。

9.1.4　植物的组织方式

植物的组织方式见表9-2。

　　孤植是单体的大型乔木，以其优美的形态或漂亮的色彩展示在视野开阔的空间中，往往是所在空间的主景和焦点，为空间提供遮阴以及建筑的背景和侧景。

　　列植是将乔木、灌木按一定的株行距成排、成行地栽种，形成整齐、单一、气势大的景观。

　　对植是将两株树按一定的轴线关系做相互对称或均衡的种植方

式，在园林构图中作为配景，起陪衬和烘托主景的作用。

丛植是指将同一品种或不同品种的一株至十余株的乔木、灌木等组合成组群的单元。

群植是由多数乔木、灌木（一般30株以上）混合成群栽植而成的植物组织类型。

绿化草坪是用多年生矮小草本植株密植，并经修剪的人工草地，往往需要以密承疏，用密林来表达草坪。

多种种植方式的综合使用如图9-25所示。

表9-2　植物的组织方式

孤植	列植	对植
丛植	群植	绿化草坪

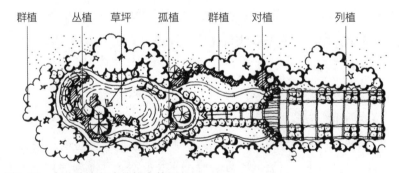

图9-25　多种种植方式的综合使用

9.2 技能储备

植物的表现技法；总平面图及鸟瞰图的上色技巧。

9.2.1 植物的表现技法

（1）乔木平面的分类

乔木平面的分类如图9-26至图9-28所示。

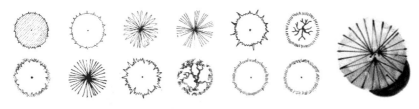

图9-26 针叶树平面图

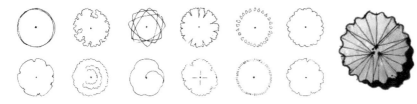

图9-27 常绿树平面图

图9-28 分枝型平面图

（2）灌木的平面表达

灌木的平面表达如图9-29和图9-30所示。

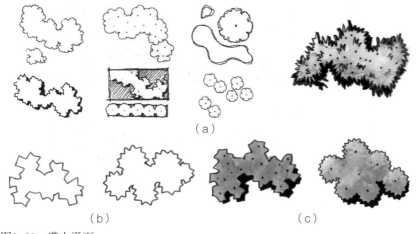

（a）

（b） （c）

图9-29 灌木平面

图9-30　绿篱平面

（3）草坪地被植物的平面表达

草地平面表达如图9-31所示。

图9-31　草地平面

（4）乔木的立面画法

乔木的立面画法如图9-32至图9-36所示。

图9-32　乔木的基本外形

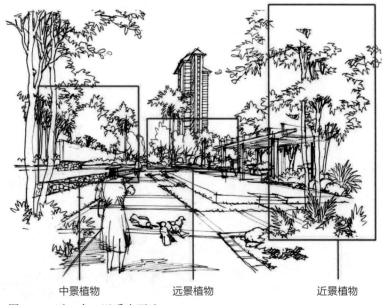

中景植物　　　　　远景植物　　　　　近景植物

图9-33　近、中、远乔木画法

光线

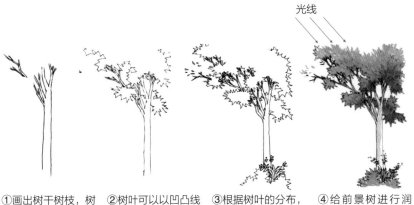

①画出树干树枝，树枝上细下粗，树干上部树叶较少，故能看到的树杈较多，树冠上树叶多，能露出来的树杈较少。树枝的布局注意疏密，并且刻意让部分树枝往外延伸，树枝注意断开，给树叶留位置。

②树叶可以以凹凸线或星状线表达树叶的"丛""簇"的感觉，前景树在画面中有暗示前景空间以及烘托中景的作用，不需要表达一棵完整的树，从透视的角度来说，树冠顶部应在画面以外，因此不需要画出。

③根据树叶的分布，补充部分细树枝，树叶产生的阴影落在树枝上，加重小树干的颜色示意，树干底部绘制草本植物加以衬托。

④给前景树进行润色，因为受光的原因，越靠近树冠顶部的树叶颜色越浅，越靠近树干的树叶颜色越深，用三种深浅不同的绿进行过渡即可，树枝越细颜色越深。

图9-34　前景树画法步骤

光线

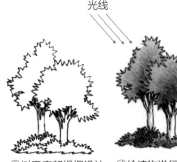

①画出树干树枝，树枝上细下粗，高低错落，相对集中。与前景树相比，树枝不需要过多往外延伸。

②补充树冠。植物处于中景，过多的细节开始变得不清晰，但能看到植物大的分枝及轮廓变化。因此，绘制树冠时可以先画出整体轮廓，可以呈圆形、三角形、"8"字形等，这些基础形状用大抖线或凹凸线进行描绘，描绘时依然要突出树叶的"丛""簇"感，切忌贴着外轮廓用小抖线描绘，植物会失去灵动感。中景的植物一般密集，注意树冠前后的遮挡关系。

③树干底部根据设计增加草本植物。草本植物用大抖线表示，成组绘制形成草丛。先画前面的草丛，再画后面的，后面的草本植物根部被前面的草丛挡住，形成前后关系。

④给植物进行润色，因为受光的原因，越靠近树冠顶部的树叶越浅，越靠近树干的树叶颜色越深，用三种深浅不同的绿进行过渡即可，树枝越细颜色越深。草丛可以用两种绿色，区分草的亮面及暗面，还可以用一些跳跃的颜色表示不同的品种。

图9-35　中景树画法步骤

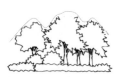 

①远景树在视觉上只能看到一个整体轮廓，大部分的细节都会被忽略。树干可以简单画出分枝，分枝不需要过多高低错落、疏密关系、延伸与集中等细节。树干底部的草丛需要用小抖线描绘，"丛""簇"的感觉弱化。

②补充树冠。使用小抖线沿着植物的基本轮廓描绘，同样，树叶的"丛""簇"感弱化，避免过多的凹凸即可。

③远处的植物。由于透视对空间的压缩，植物以组团或连片的方式出现，植物需要有疏有密，形成"三五成群"的感觉，过于疏的地方用一些低矮灌木进行联系。组群的外轮廓线高低错落，形成韵律。

④给植物进行润色。植物处在较远的空间，只能看到植物的整体颜色，已经看不到光线照射下的颜色变化，因此，在单棵植物中无须表达由浅至深的变化，用一种颜色平涂即可，植物之间可以用同色系不同深浅变化，或者不同颜色表示种类的不同。远景植物在画面中充当背景，建议同色系的植物更佳，使用不同色系的植物注意颜色不要过多、过艳，面积不要过大，点缀即可。

图9-36 远景树画法步骤

（5）灌木的立面画法

灌木的立面画法如图9-37和图9-38所示。

图9-37 灌木立面画法示例

①灌木没有明显主干，分枝点低并且分枝多，表达的时候要把这个特征画出来。叶片可以用大抖线或小抖线绘制。

②树冠可以用大抖线营造凹凸造型，也可以用小m线营造圆形。这是自然生长与规则修剪灌木的不同表达。

③处在中景的灌木可以适当增加一些外露的树枝，但不要破坏整体的形状，增加地被植物衬托。远景的灌木，可以只表达简约的外轮廓和底部分枝枝条即可。

④因为受光的原因，越靠近树冠顶部的树叶颜色越浅，越靠近树干的树叶颜色越深，用三种深浅不同的绿进行过渡即可。树枝较短，受树叶的遮挡全部以深色表达。

图9-38 灌木画法步骤

（6）草本植物的立面画法

草本植物的立面画法如图9-39和图9-40所示。

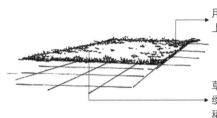

用小短线沿着四周绘制方向不一、大体向上生长的草

草地中间留白，用更短的线，成组排列点缀，靠近草地边缘密一些，靠近草地中间稀疏一些

图9-39　草本植物立面画法分析

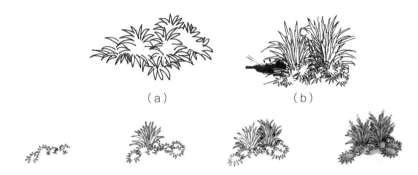

（a）　　　　　　　　　　（b）

①草本植物几乎伏地生长，枝干可以忽略，着重表达叶片。叶片可以以大抖线组合成星状或半星状，表示叶片的"丛"感。组合的时候，使外轮廓线高低错落。

②某些草本植物线条感比较突出，需要用细长的叶片按照发射状表达"丛"感，叶片往外扩散并弯曲，中间的叶片密集并直立。叶片先画前面，再画后面，营造遮挡关系。叶片靠近根部收拢，也要注意叶片之间的遮挡。

③形成草丛的感觉，多画几丛类似的草丛，必须让草丛有前后区别，其中一株草局部被遮挡，注意外轮廓线的形状。

④给草丛润色，不需要为一片片叶子润色，依然依照光照的特点分布浅色、深色与过渡色，还可以给草丛点缀一些花，花用马克笔细头一端点出形状即可，不需要用模线绘制。

（c）

图9-40　草本植物立面画法

9.2.2　总平面图上色

①润色的第一步对较大面积的同一类物体进行统一润色。可以先对铺地进行统一的上色，也可以根据个人习惯对草地或者水体进行润色，平涂时可以先假设光源方向，确定暗面的位置，用同色系深浅两种色，深色描绘暗部，如图9-41（a）所示。

②乔木树冠距离地面有一定的距离，要拉开地面与树冠的距离，可以用颜色的饱和度进行对比。按照植物的品种，用不同色系的绿对乔木树冠进行上色。可以先上浅色打底，再上深色，不要上得过

于均匀，深色中透点浅色，使树冠更加丰富，如图9-41（b）所示。

③对地被植物进行润色时，要清楚地被植物比铺地高、比乔木矮，颜色的饱和度或者明度处在两者之间，三个层次要拉开，避免粘在一起。草地处在开阔空间，受光面最大，颜色最浅。景观树的亮面使用跳跃的颜色，暗部使用绿色，避免跳跃的颜色面积过大，产生不协调感。这两种颜色之间需要相互渗透，要产生这种效果必须在两种颜色还没干的时候晕染，如图9-41（c）所示。

④调整各种物体颜色的饱和度，加强它们之间的对比。补充乔木的投影，完善画面指北针、比例尺等作图元素，如图9-41（d）所示。

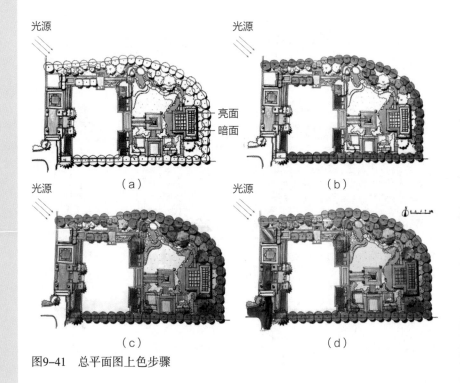

图9-41 总平面图上色步骤

9.2.3 鸟瞰图上色

①与平面的润色步骤一样，选择面积较大的景物上色定基调。这里选择先对铺地进行润色。铺地的色彩避免过多，根据设计意图，选择黄色的石材，边缘线颜色稍深，铺装图案在黄色系中选择不同的深浅进行变化。为了跟石材拉开质感，木材颜色采用较深的木本色，如图9-42（a）所示。

②植物同样是园林中的主角，必须在前两步进行润色，画面的

基调会更加容易把握。这一步必须先定光源方向，植物亮面留白，暗面先上中绿，在最暗处加深，最终形成白色的亮面、绿色的灰面和深绿色的暗面。对于矮灌木可以简单区分两个面。当使用硫酸纸润色时，可以从深色到浅色润色，当使用马克笔专用纸或复印纸润色时，则需要先铺浅色，再在浅色上加深色，如图9-42（b）所示。

③完善植物的亮面，为避免绿色过生，可以以浅黄色打底。景观树根据设计图上黄色、粉色、紫色等使用，但避免用纯度高的鲜艳的颜色，否则会使画面不协调，建议用带有灰度的黄、粉、紫。同样，草地使用最浅色。当发现地面颜色过于浅，可以用淡淡的灰色覆盖一遍，如图9-42（c）所示。

④调整各种物体颜色的饱和度，加强它们之间的对比。补充乔木的树干投影，树冠的投影面积较大，对于新手来说容易使画面变黑，建议不画树冠投影。如果使用的是硫酸纸和酒精性马克笔，发现铺地面积润色脏了，趁颜色未干透，用无色的马克笔局部清洗，调整色彩，如图9-42（d）所示。

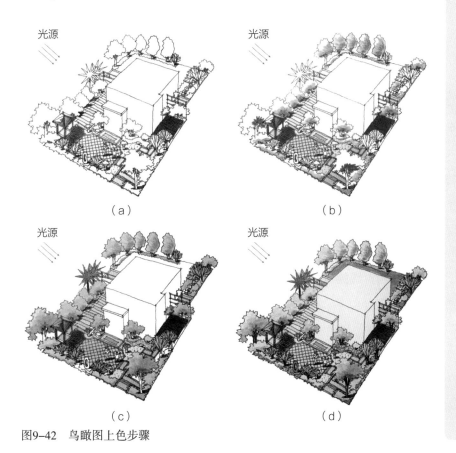

（a）　　　　　　　　　　　　（b）

（c）　　　　　　　　　　　　（d）

图9-42　鸟瞰图上色步骤

9.3 任务实施过程

▨ **步骤1**：明确植物配置的主要空间，划分出草坪空间与植物围合的空间；根据植物配置所需要满足的主要功能，创造景观焦点、主要观景面、透景线、庭荫植物等，如图9-43所示。

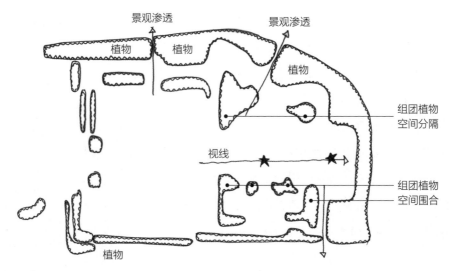

图9-43　划分种植区域

提示：画植物功能"泡泡图"实际就是用植物以平面的方式创建空间或者围合空间，这一步不能少。原因在于私家庭院面积一般不大，跟随功能区域的边界栽种植物，空间感觉就有了。但是，对大型的绿地空间进行种植设计时，如果不对植物群进行分区，划定范围，思考植物对空间的围合关系，单纯地利用不等边三角形配置方法逐棵栽种，则会导致杂乱不堪，甚至忘记了栽种植物的最初目的。

在功能布置的"泡泡图"中，可以开始思考标志物是否用植物来营造？如果是，可以相应尺寸的圆圈表示。遮挡视线的折线符号用景墙替代还是用植物丛或绿篱替代？在下一步中用相应植物图例表示。

▨ **步骤2**：为了创造丰富的植物群落，营造植物优美的天际线，这时候可以确定种植区域的植物层次和高度关系。对于初学者，可以在植物区域画出乔木、灌木、草本植物的大致种植范围，画的时候需要在脑中想象植物的高低层次，这时候还不需要思考植物的具体名称，如图9-44所示。

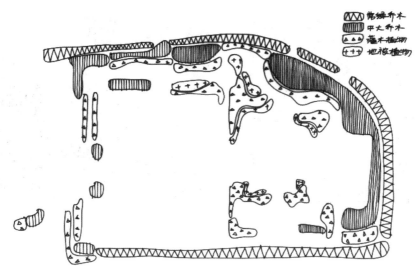

图9-44　设计植物群落

步骤3：在灌木丛"泡泡图"画出植物具体的种植形式，地被植物或群植植物用闭合小云线表示，如图9-45所示。

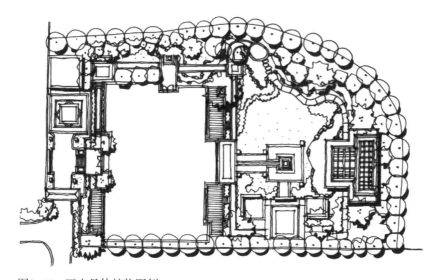

图9-45　画出具体植物图例

知识连接：

植物的种植方式有规则式种植、自然式种植和混合式种植。

规则式种植布局（图9-46）均匀整齐，秩序井然，具有统一、抽象的艺术特点。常见的有直线形布局和曲线形布局。这种布局都是按照空间的几何形式沿着地块的边缘布局。这种布局方式可以有，但不能多，否则会使得空间呆板、局促。

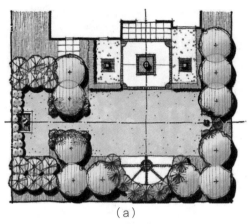

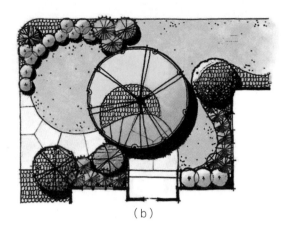

图9-46 规则式种植

自然式种植是反映自然界植物群落自然之美的种植方式，不要求株距或行距一定，不按中轴对称排列，不论组成树木的株数或种类多少，均要求搭配自然，一般采用不等边三角形配植和镶嵌式配植。一种或两种单体的树成组种植在一起，在平面布局上，每连接三棵树的中心点都呈不等边三角形。遵循植物自然生长规律，大小搭配，高低错落，疏密有致。

当运用自然式种植形式时，植物组团的设计非常重要，小到三五株植物组合，大到几十株乔木、灌木、草本组团，都需要注意美观性和层次性，大的植物组团主要有树丛、树丛+单体树、树丛+单体树+灌木几种形式，如图9-47和图9-48所示。

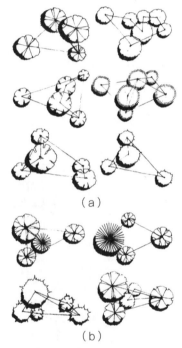

图9-47 植物组团组合方式

杂乱不紧凑，缺乏主体元素　　　主体元素明确　　　缺乏主体元素　　　主体元素成为焦点

图9-48 自然式种植主体元素

运用自然式布局时，还要注意林缘线（图9-49）的形态。林缘线由植物边界线构成，塑造场地空间，控制空间开合变化。林缘线对空间尺度、深度、郁闭度、视线引导起到至关重要的作用。

镶嵌式配置标明植物种类在水平方向上的不均匀配置，使群落在外形上表现为斑块相间的现象，这种特征的群落称为镶嵌群落，如图9-50所示。

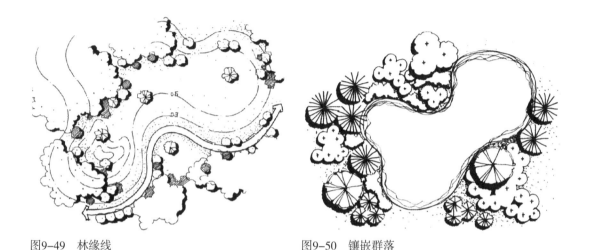

图9-49　林缘线　　　　　　　　　　　　　　图9-50　镶嵌群落

混合式种植（图9-51）既有规则式又有自然式。在园林空间中，有时为了造景和立意的需要，往往是规则式和自然式种植相结合。比如有明显轴线的地方，为了突出轴线的对称关系，两边的植物多采用规则式种植；而在宽敞的草地上、起伏不平的土丘上及设计用地的周边地带多采用自然式种植。

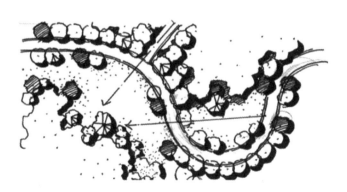

图9-51　混合式种植

注意：这阶段还不需要考虑植物的具体品种，只需要考虑植物的大小、高低、形状以及组合方式。

▧▧▨ **步骤4**：确定植物品种。根据以上分析，细化植物，完善植物配置。植物的选择以乡土树种为主，体现季相变化，为了营造景观特色，可重点体现某一季景观，如图9-52所示。

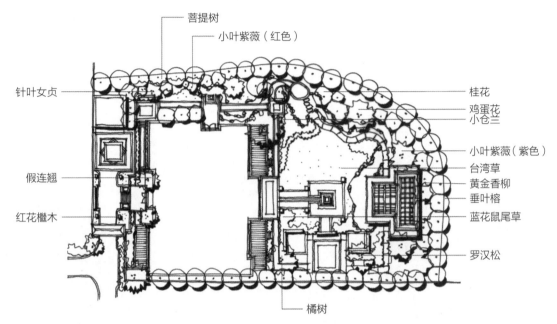

图9-52　确定植物品种

知识链接：

　　植物的质地指单株植物或群体植物直观的粗糙感和光滑感。它受叶片的大小、枝条的长短、树皮的外形、植物的综合生长习性以及观赏植物的距离等因素影响。

▧▧▨ **步骤5**：绘制局部立面图或剖面图，检查林冠线与林下空间，如图9-53所示。

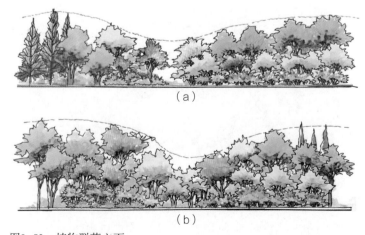

（a）

（b）

图9-53　植物群落立面

知识链接：

林冠线是立面二维概念。林冠线的起伏依附地形和植物种类（主要乔木），树形、冠幅、高度形成竖向上的曲折变化主要在立面图体现。

除了检查林冠线是否具有高低起伏的韵律感，还要关注乔木的分枝点是否够高，保证林下空间视线通透，灌木的高度在人的视域范围内。

步骤6：完善图纸内容，标注图名、比例尺和指北针，并根据图面效果选择是否加阴影。

步骤7：给平面图润色，如图9-54所示。

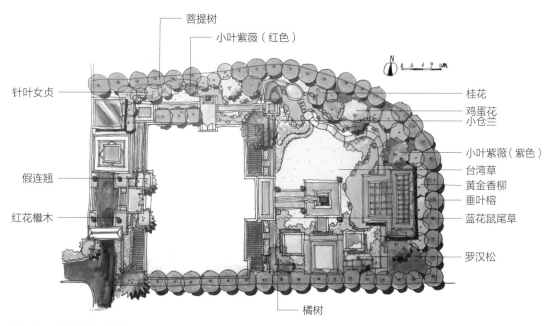

图9-54　平面植物润色

知识链接：

不论是平面图还是空间透视图，润色要遵循先浅后深、先大后小的原则。先用浅色描绘草地、水域或天空的颜色，在画面中这些面积通常比较大，先着色定下基调，再假设光源，标出植物的暗面与阴影。

手绘图纸用于设计交流，着色是为了让团队成员能更清楚地区别不同图中景观元素，因此，只要表达不同物体不同色彩以及立体感即可。当图纸用于正规考试时，其着色需要更严谨。

步骤8：完善前面任务中一点透视图、两点透视图、鸟瞰图中的植物元素，推敲植物景观的风格，如图9-55所示。

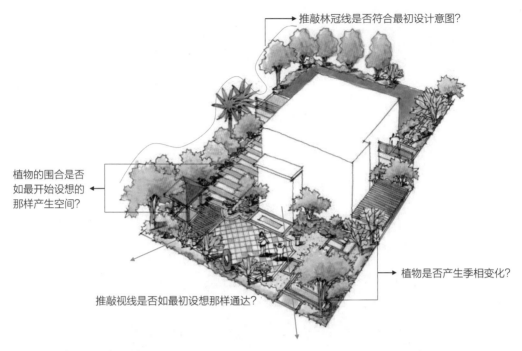

推敲林冠线是否符合最初设计意图？

植物的围合是否如最开始设想的那样产生空间？

植物是否产生季相变化？

推敲视线是否如最初设想那样通达？

图9-55　完整的彩色鸟瞰图

你不能不知道的事：植物也有文化？

（1）士文化与植物文化

士作为中国古代独特的知识阶层，出现于春秋战国时期。士是处于皇家贵族和平民百姓之间的中间阶层，他们具有强烈的历史使命感和社会责任感，他们以仁、义、礼、智、信等伦理道德约束自身，同时又崇尚洁身自好、淡泊名利的无为思想。正因为如此，园林便成为士大夫精神寄托的载体。士大夫对植物欣赏有加，常常以植物自比，以植物自身的特性来比拟想要表达的思想品德和道德情操。例如，"岁寒三友"中的竹子就是君子比德的一个重要载体，竹子兼具色泽、姿态、音韵、意境之美，从春秋时期就逐渐成为传统园林中的常见植物。王羲之的兰亭有茂林修竹，郑板桥画竹，沧浪亭中以竹取胜，清晖园有竹园的景观，扬州个园则是直接以竹命名，苏轼曾写道："宁可食无肉，不可居无竹。无肉使人瘦，无竹使人俗。"竹，早已成为名人雅士高风亮节、不入俗流的代表。

另外，在中国最古老的诗歌总集《诗经》中，有105篇与植物有关的诗篇，木槿、萱草、荷花、柏树等都出现在诗经中。除此之外，《全唐诗》《全宋诗》《全汉赋》等都有关于植物的描写和赞颂，之后还有《南方草木状》等植物的专著出现，可见在当时的社会环境中植物已有重要的地位。

（2）宗教与植物文化

宗教作为一种社会意识形态，是一种文化现象，也是一种社会信仰。宗教在某种程度上约束着人们的思想和行为，中国的道教将植物本身的生长特性与当时的哲学思想、意识形态和伦理道德观联系在一起，使植物成为宗教文化的一种象征。

人们常常用"清水出芙蓉，天然去雕饰""出淤泥而不染，濯清涟而不妖"来形容荷花清逸脱俗的美，古人也经常用荷花来比喻自己淡泊名利、洁身自好的精神追求。同样，荷花也是佛教的教花，将其视作圣洁之物，是智慧与清净的象征。在很多佛教经典中都有关于荷花的记载，无论是画佛、塑佛，佛座必定是莲花台座，很多法事中莲花也是必用的植物，由此可见荷花与宗教的紧密关联。

（3）民俗与植物文化

民俗是指一个国家或民族，广大民众所创造、享用和传承的生活文化。我国的民俗节日有很多，各地的民族风俗也不尽相同。新婚夫妻刚结婚时人们会在床上布置花生、石榴、桂圆、红枣等来表达对新人早生贵子、多子多福的祝福。端午节与植物的关系非常密切，挂菖蒲、艾叶、白芷等是端午节必不可少的传统。戴香包也是端午节的重要风俗，香包内装有白芷、川芎、山柰等，就连包粽子的粽叶也是苇叶、箬竹。在全家团圆的中秋佳节，有些地方的习俗会在香案上摆上月饼、鸡冠花等来祭月。中秋节也少不了桂花，九月、十月正是桂花盛放的时节，品桂花酒、食桂花饼、饮桂花酿。民俗与植物的文化关联早已深深渗透其中，到了重阳节，喝菊酒、插茱萸，人们还把茱萸插在发间或戴在手臂上，以祈求辟邪去灾。

成果编制

☑ 任务描述

　　手绘设计图纸既是设计师的设计思考，也是设计团队成员沟通的重要载体。在设计过程中，为了捕捉许多灵感瞬间，手绘图纸经常要经历涂涂改改、逻辑混乱的情况，将设计想法与别人进行沟通时，需要整理，按照一定的逻辑进行排序，让对方能理解我们的设计，并且能接受或提出相应的修改意见。

　　本任务通过认识成果编制，学习不同场景中成果编制的内容形式，掌握其中的技巧，能为本课程所产生的所有图纸成果进行整理，并进行艺术排版，使成果可阅读、可展览、可欣赏。

▤ 学习目标

　　①了解成果编制的意义、成果编制需要思考的要点。

　　②了解快题与设计文本的形式和内容。

　　③掌握快题设计的排版技巧，并能将前期课程所有的手绘图纸进行排版设计。

　　④掌握文本排版的技巧，为下一阶段课程做准备。

📋 任务书

请按照快题设计的排版要求，为本课程所产生的所有图纸进行排版设计。

要求：

①绘制于A2图纸中。

②排版要求整洁、整齐、饱满。

③图纸绘制符合绘图规范。

④图纸色调统一。

10.1 知识储备

成果编制的意义；成果编制前期思考的要点；成果展示形式与内容。

10.1.1 成果编制的意义

成果的编制整理，并不是在最后将所画的图纸进行简单归档，而是在设计有了基本构思的时候，就需要思考该用什么逻辑去表达设计思想，同时列出成果大纲，根据大纲完善图纸内容。但是由于本课程的侧重点在于带领学生用手绘进行设计思考与表达，在设计方面也着重学习园林基本组成要素的设计方法，并不是针对某个项目的设计研究与实践，因此，成果编制放在最后一个任务进行讲述。在设计过程中有遗漏的图纸，可以通过这一次的梳理进行补充。

成果通过一定的逻辑进行整理编排，对设计者而言，不仅可以对图纸进行查漏补缺，还可以重新梳理设计者的设计思维，呈现美观的效果以及梳理准备向委托方汇报的思路，做到有逻辑、有重点地展示设计、汇报设计，让对方一目了然。

10.1.2 成果编制前期思考要点

（1）理解对方需求

理解对方需求是设计的前提条件，也是成果编制首先需要思考的点，这有利于编制成果时有所侧重。

（2）明确项目目标

设计目标是结合对方需求以及场地条件综合评价而来，并非建立于设计师个人喜好，目标的设定是非常理性的，在文本编制时要尽可能说清楚其中的逻辑关系，用简单明了的文本及图片说明设计的目标，获得对方的认可。只有设计目标明确并且获得认可，后续的设计内容才具有可行性。

（3）明确设计内容的表达逻辑

为了达到目标，我们需要做哪些内容？内容之间需要用一种什么样的逻辑去展示？在成果编制之前需要列出思维导图或表达框架。

（4）确定排版色彩

要将所有图纸成果统一，看起来协调有序，需要用一些能突出设计主题的色彩或底图，这需要提前思考，准备"物料"。

从设计前期沟通、设计实施、成果编制到最后的方案汇报，是一个环环相扣的过程，其中不变的核心是将对方的想法纳入设计，最终在自己的创意与对方的需求之间寻找平衡点。

10.1.3 成果展示形式与内容

（1）快题展示

快题展示是用手绘方式将各项图纸绘制在1～2张A3或A2的图纸中，内容包括项目题目、总平面图、分析图、局部效果图或鸟瞰图、剖/立面图以及设计说明。快题设计成果展示一般用于升学、入职考试，在4～6h内勾勒设计想法，因此，图纸量不多，能表达基本的设计想法及效果即可。

（2）文本展示

文本展示一般用于项目汇报。涉及的内容包括思路推演、方案推演、效果展示、技术支撑等。图纸内容与快题设计相比多几倍甚至十几倍。图纸排列逻辑要求较高，严格遵循一定的逻辑顺序排列，并能逐步带领阅图者深入了解项目，并接受设计想法。同时，文本排版要求也较高，不但要求清晰明了，还要具备一定的艺术性，让文本主次明确、内容详略得当、画面布局与色彩赏心悦目，贴合主题。在一定程度上，文本排版设计也反映了设计单位的设计水平，因此不可随意对待。

10.2 技能储备

手绘快题排版；文本软件排版。

10.2.1 手绘快题排版

（1）确定主次

所有图纸分布在一张图纸或者两张图纸中，因此，图纸必须分主次、分大小。以一张图纸为例，需要将最能表达设计想法的总平面图或鸟瞰图放在最显著的位置，并且所占图幅最大，因为总平面图全面地表达了设计者的设计想法，并且能表达地块的每一个细部。一般跟设计的主题题目结合在一起，题目字号不要太大，4.5～5cm为宜。

节点效果图图幅面积次之，因为效果图是对平面图的空间说明，是最重要的景观节点的空间表达。效果图对设计者而言具备反推平面设计是否合理的作用，对阅图者而言，是最容易读懂设计的图纸，也是最容易打动阅图者的图纸。

较小的是功能分区图、景观结构分析图、道路系统分析图，这三个图是总平面图等比例缩小的图纸，用最简单的图例从不同角度阐明设计的合理性，也就是说功能分区合理、景观结构清晰、道路系统层级分明畅通是最基本的要求。这三个图纸能协助阅图者理解设计。

剖/立面图一般对地形有变化、水深的地方进行说明，同时也是对园林空间外部轮廓线的说明及推敲，它的大小与剖切的位置和绘图比例有关系，选择的比例以能表达清楚高差关系为标准，但又不能大于总平面图。剖/立面图呈长条状，因此，一般放在图纸的下方，与图纸边缘保持平行。

设计说明或经济技术指标一般要求100～300字，文字不需要太大，要求书写整齐，在图纸布局时，需要划定不那么显眼但是又能与其他图纸保持整齐、形状规整的一小块地方。

可简单总结为：先考虑总平面图，围绕图纸一角展开；分析图成组、成排布置，成竖向、横向或者"L"形，避免"品"字形。标题、设计说明、图例等根据剩余空间灵活布置，填补图面空白。若是两张图纸，总平面图和鸟瞰图分别成为各张图纸的主要图。

请参考以下排版方式，如图10-1和图10-2所示。

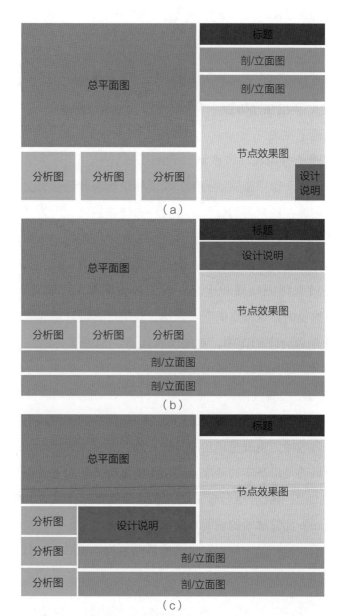

图10-1　单页快题排版形式

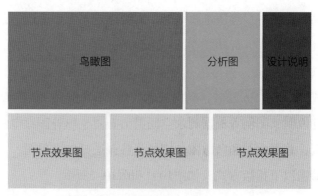

图10-2　双页快题第二版排版形式

学习笔记

（2）确定各种图纸的尺寸

确定排版方式后，需要按比例计算每张图纸是否能按计划分布在现有的版式中。例如，确定绘制总平面图位置后，如总平面按1∶100绘制，地块的总长与总宽分别是多少？平面图是否会超出计划的图幅范围？如果大了，需要调整绘图的比例，例如1∶200，如果小了，需要调整绘图比例，例如1∶50。

需要如此计算的还有剖/立面图，确定用多大的比例绘制剖/立面图，除了要考虑图纸的长度和高度以外，还要考虑地形的最小高差是否能用手绘的最小单位1mm表达。例如，场地内有楼梯，每个楼梯高差为100mm，若用1∶100的比例绘制，每个楼梯为1mm，如果选用1∶200的比例绘制，楼梯高度为0.5mm，这个尺寸是手绘难以表达的。

确定以上两种图的绘图比例后，在图纸上的图幅尺寸也就确定了，如果跟原先计划的排版方式有差别，可适当调整其他图纸的位置及大小。效果图、分析图及文字说明没有严格的比例要求，可自由缩放，但缩放后依然遵循图纸的主次关系。示例如图10-3所示。

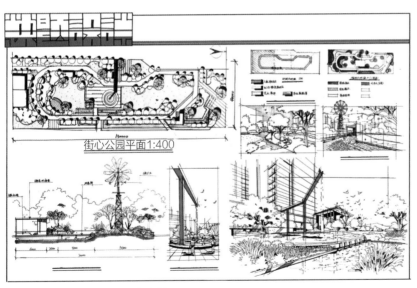

图10-3 快题设计图纸尺寸示例

（3）细节美化

图纸排版要丰满，避免图纸之间留有太多空白缝隙。绘制的图要距离图纸边缘1~2cm，避免图纸有溢出的感觉。不同的图纸尽可能保持内对齐或外对齐。项目主体需要用艺术字表达，若艺术字绘制能力不强，尽可能使字体呈方块状。要使字体呈现方块状，秘诀在于有"画"字的意识，并非写字，并且将字顶格画，如图10-4所示。

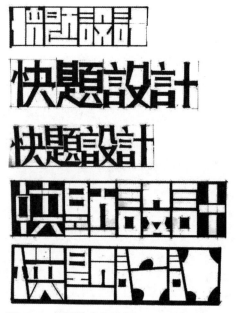

图10-4　标题美术字示例

10.2.2 文本软件排版

文本展示一般用于项目汇报，涉及的图纸比较多，少则十几页，多则几百页，根据不同项目及项目不同的阶段，图纸的量不同，文本的页数也不同，将这些图纸按照一定的逻辑顺序编排成册，就成为文本。由于图纸数量多，因而必须采用软件进行排版，以提高效率，方便修改。常用排版软件有InDesign，Illustrator，PowerPoint等，可以根据自己的习惯选择相应的软件。

文本排版也是设计框架的呈现，文本按照前后顺序一般结构如图10-5所示。

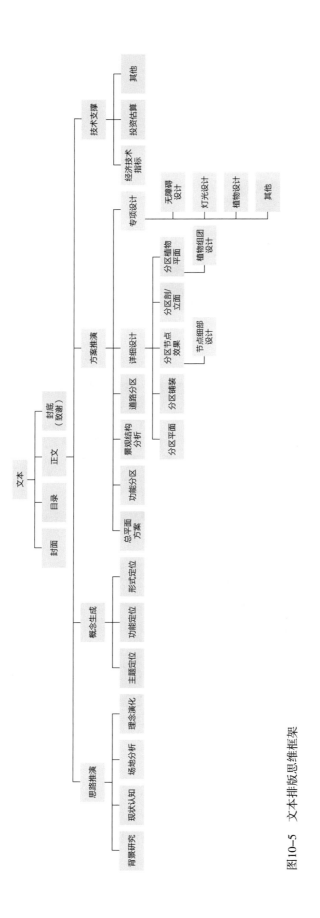

图10-5　文本排版思维框架

（1）封面

封面决定了别人对文本的第一印象，应该传达文本设计亮点和内容，如图10–6至图10–10所示。

图10–6　照片+项目题目组成的封面

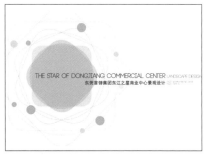

图10–7　与项目相关的图案+项目题目组成的封面

图10–8　与项目相关的图片+色块+项目题目组成的封面

图10–9　与项目相关的意向图片+项目题目组成的封面

图10–10　艺术底图+项目题目组成的封面

（2）目录

目录是整个文本逻辑结构的具体体现。章节的标题、副标题与图纸标题在文字大小、颜色上需要有明显的区别，突出层级关系。章节内容需严格按照前后关系进行排列，让读者跟随你的表达逻辑、叙述顺序及方式从头看到尾，跟随你的设计思维过程看到逻辑的推演。具体的文本结构可参考图10-11。图名与页码一一对应，方便阅图者能快速找到相应的图纸。图纸名称与页码首尾对齐，保持整齐。

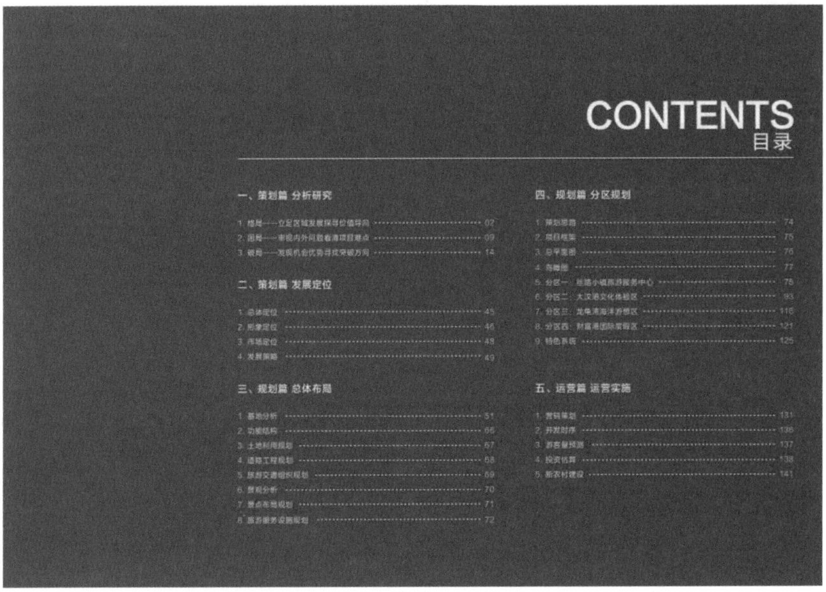

（a）

（b）

图10-11　目录

（3）正文

正文主要内容为前期调查、概念生成、设计方案等，主要包括标题、文字、图片。正文设计表达的核心是页面的构图，如何将正文内容清晰完整地表达出来是设计的关键。以下是常用的几种排版方式，值得注意的是，所有的图纸外边缘尽可能对齐，使画面具有较强的秩序感，如图10-12所示。

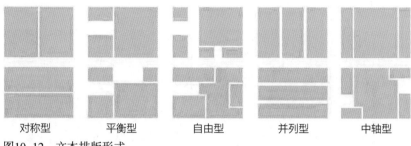

| 对称型 | 平衡型 | 自由型 | 并列型 | 中轴型 |

图10-12　文本排版形式

（4）封底（致谢）

文本封底不是必须的，市面上有很多的设计文本并没有封底，但是封底可以给人有始有终的感受，建议还是有为好。封底的内容不需要太多，内容也各不相同。有时用简洁的话语总结项目，有时以精简的语言留下设计单位的联系方式，有时表示谢意，如图10-13和图10-14所示。不管采用哪种策略结束文本，在排版设计上，依然可以采用之前讲述的排版方法，文字对齐，字号不宜过大，文字呈板状出现，会有更强高级感，避免两个硕大的"谢谢"放在页面正中间，否则会有草草收尾的感觉。

图10-13　设计单位相关信息作为封底

图10-14　底色+设计单位联系方式作为封底

（5）文本色彩

文本整体的排版色彩首要原则是统一协调，尽量整体色彩一致，但并非只能有一种颜色，可以选用1种或2～3种色系。只要是将色系与色调统一，整体达到一种和谐舒适的状态，或互补或相近，就

能让版面内容相互协调，并达到
美观衔接，如图10-15至图10-19
所示。

图10-15　封面色彩

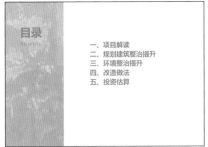

图10-16　目录色彩

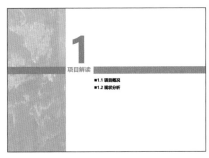

图10-17　开篇页色彩

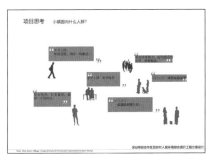

图10-18　正文色彩

图10-19　结束页色彩

10.3 任务实施过程

▱ 步骤1：思考需要用什么图才能将设计想法表达完整，可以简单列出。
本任务需要学生做快题设计，图纸内容及图纸量由教师规定。

▱ 步骤2：设计排版样式（参考上文提供的排版方式）。

▱ 步骤3：挑选合适的绘图比例以及计算图纸按比例绘制后所占的图幅，根据图幅调整
排版样式。

▱ 步骤4：使用铅笔绘制各类图纸的大概形态。

▱ 步骤5：给铅笔稿描墨线，并且补充细节。

▱ 步骤6：给各项图纸进行润色。

步骤7：补充设计说明、主题文字艺术化处理。

最终成果示例如图10-20所示。

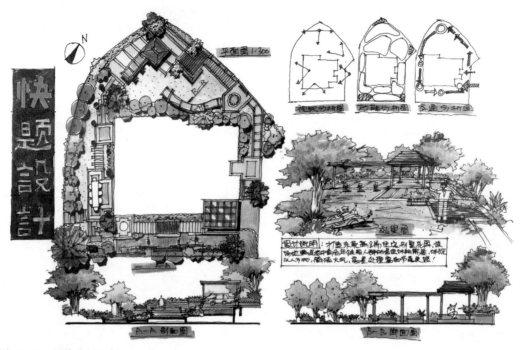

图10-20　最终成果示例

提示：

①先说明项目地理位置，简单说明项目要求、周边环境、场地内条件、发现的问题及解决问题的方法。

例：本设计定位于_____，项目要求_____，项目场地周边环境_____，红线范围内_____，主要使用_____手法解决场地的_____问题。

②说明设计切入的角度，要达到什么目标，描述设计的愿景。

例：设计着意营造_____氛围，力求将形式美融入功能需求，为_____创造优美、自然、舒适的室外休憩空间，并满足（居民、老人、儿童、师生、游客）的健身、交流、休闲、娱乐的功能需求。

③描述设计手法。结合功能分区、景观结构等说明设计的空间层次以及将达到的效果。

例：沿入口轴线布置_____，作为景观序列的开端；合理布置游线，创造步移景异的空间序列；因地制宜，改造地形和水系（山水构架）；于高处建亭（设计景观构架），可尽观全园佳景；自然的驳岸或滨水台阶满足人们亲水天性，植配注重疏密变化和营造层次感；小品简洁大气，具有时代气息。_____场地满足（老人、儿童）的使用需求。

💬 结语

　　就中国文化而言，院落是安顿生命、生活和精神的场所。一道墙将一个家庭围起来以后，里面是个独立的世界，院落是他们的天地。与西方相比，"中国的院落是内向性的，不是外向性的，而且有家庭的伦理秩序。"院落反映的是一个家族兴旺，一大家子在一个院子里面，邻里之间互相照应，累了到院子里面散散步，看看葡萄架子，浇浇花，这是中国人特有的生活审美。人们将生活安放在院落里，将情感倾注于院落中，院子对人们来说是灵魂与肉体安住的地方。

　　本书将庭院设计作为年轻设计师们首要学会做的项目，因为这是最容易引起情感共鸣的，是最容易进行换位思考的，也是最容易进行描绘刻画的项目，尽管它的细节多到令初学者惧怕，尽管业主可能会提出很多的要求，但只要耐心与业主沟通，与之共情，体会对方的功能需求、情感需要，不厌其烦地反复比对方案，调整每一个细节，细至一块砖、一棵草，用设计师的责任与温度，为客户打造一个温馨、精致的院落。做一个有灵魂的设计师，收获的不仅是金钱，更多的是一种共鸣。

　　如需要项目基础图纸进行练习，可扫描二维码下载。

张惠贻

2022年2月

参考文献

［1］诺曼·K·布思. 风景园林设计要素［M］. 曹礼昆，曹德鲲，译. 北京：北京科学技术出版社，2018.

［2］孙述虎. 景观设计手绘草图与细节［M］. 2版. 南京：江苏凤凰科学技术出版社，2018.

［3］诺曼·K·布思，詹姆斯·E·希斯. 独立式住宅环境景观设计［M］. 彭晓烈，主译. 沈阳：辽宁科学技术出版社，2005.

［4］李鸣，柏影. 园林景观设计手绘表达教学对话［M］. 武汉：湖北美术出版社，2013.

［5］麓山手绘. 园林景观设计手绘表现技法［M］. 北京：机械工业出版社，2016.

［6］丛林林，韩冬. 园林景观设计与表现［M］. 北京：中国青年出版社，2017.

［7］戴秋思，杨玲. 古典园林建筑设计［M］. 重庆：重庆大学出版社，2014.

［8］吕圣东，谭平安，滕路玮. 图解设计风景园林快速设计手册［M］. 武汉：华中科技大学出版社，2017.

［9］胡艮环. 景观表现教程［M］. 杭州：中国美术学院出版社，2010.

［10］尹金华. 园林植物造景［M］. 北京：中国轻工业出版社，2020.

［11］格兰特·W·里德. 园林景观设计从概念到形式［M］. 郑淮兵，译. 北京：中国建筑工业出版社，2019.